Bathina Venkateswara Rao
Kudari Amulya Valli

Melhoria do perfil de tensão utilizando dispositivos FACTS em sistemas de transmissão

Bathina Venkateswara Rao
Kudari Amulya Valli

Melhoria do perfil de tensão utilizando dispositivos FACTS em sistemas de transmissão

Melhoria do perfil de tensão utilizando dispositivos FACTS em sistemas de transmissão com o software Mipower

Imprint

Any brand names and product names mentioned in this book are subject to trademark, brand or patent protection and are trademarks or registered trademarks of their respective holders. The use of brand names, product names, common names, trade names, product descriptions etc. even without a particular marking in this work is in no way to be construed to mean that such names may be regarded as unrestricted in respect of trademark and brand protection legislation and could thus be used by anyone.

Cover image: www.ingimage.com

This book is a translation from the original published under ISBN 978-620-2-07497-1.

Publisher:
Sciencia Scripts
is a trademark of
Dodo Books Indian Ocean Ltd. and OmniScriptum S.R.L publishing group

120 High Road, East Finchley, London, N2 9ED, United Kingdom
Str. Armeneasca 28/1, office 1, Chisinau MD-2012, Republic of Moldova, Europe
Printed at: see last page
ISBN: 978-620-7-89900-5

LISTA DE CONTEÚDOS

RESUMO

Um dos recursos energéticos mais preciosos é a fonte de energia eléctrica, que é utilizada sobretudo na vida quotidiana. E o consumo de energia está a aumentar em todo o mundo. Por isso, queremos gerar a quantidade de energia necessária para satisfazer a procura e, além disso, deve ser mantido um planeamento adequado, ao longo do sistema, para minimizar as perdas na linha de transmissão e aumentar as capacidades de transferência de energia do sistema de transmissão existente para uma melhor utilização.

Isto é conseguido através da introdução de dispositivos de sistemas de transmissão AC flexíveis (FACTS) no sistema. A potência reactiva indesejada é compensada pela colocação do dispositivo FACTS no sistema. De entre os dispositivos FACTS, o condensador série controlado por tiristores (TCSC) e o compensador VAR estático são os melhores e mais económicos dispositivos ligados em série e em derivação, respetivamente.

Neste projeto, a colocação deste dispositivo em série denominado TCSC baseia-se no índice de estabilidade de tensão rápida (FVSI), que dá a ideia da linha mais fraca, e os dispositivos de derivação, como o SVC, baseiam-se no índice de previsão do colapso da tensão (VCPI) e dão uma ideia do barramento mais fraco.

A eficácia do TCSC e do SVC é observada em condições normais e de sobrecarga e em condições de contingência no sistema de 14 barramentos IEEE e de 30 barramentos IEEE. Os resultados obtidos indicam que a introdução de dispositivos no sistema melhora o perfil de tensão e aumenta as capacidades de passagem de energia e reduz as perdas.

Os resultados também indicam que o Mi-power é uma ferramenta de interface gráfica do utilizador fácil de utilizar, rápida, precisa e poderosa para resolver os problemas dos sistemas de energia.

CAPÍTULO 1

1. INTRODUÇÃO

1.1 ANTECEDENTES

A importância diária da energia eléctrica está a aumentar. Para satisfazer o aumento da procura, é necessário produzir mais energia e toda a produção deve estar corretamente ligada. Num grupo de sistemas interligados, as perdas ocorrem devido à sobrecarga e às condições de contingência. A sobrecarga pode ser minimizada através da criação de novas linhas. Mas a criação de novas linhas de transmissão é um desafio.

Os principais problemas ocorrem devido ao facto de a modernização de novas linhas de transmissão ser adicionalmente dispendiosa e demorar um período adicional, como anos.

A fim de reduzir as perdas e aumentar o crescimento, a passagem de potência através da linha melhora o perfil de tensão no sistema de energia através da colocação de compensadores de potência reactiva e dispositivos FACTS.

A iniciativa FACTS foi originalmente lançada para resolver os problemas emergentes no final da década de 1980 devido a restrições na construção de linhas de transmissão e para simplificar as crescentes transacções de exportação e importação de energia e de transporte entre empresas de serviços públicos, com dois desejos fundamentais Aumentar a capacidade de passagem de energia dos sistemas de transmissão.

O primeiro desejo é ter um fluxo de potência ao longo das rotas escolhidas. O desejo inicial implica que o fluxo de potência numa dada linha deve poder ser amplificado até ao limite térmico, forçando a corrente necessária através das impedâncias da linha em série, ao mesmo tempo que a estabilidade do sistema é mantida através de um controlo adequado do fluxo de potência em período real durante e após as falhas do sistema. O objetivo, evidentemente, não significa que as linhas sejam normalmente operadas no seu limite de carga térmica (as perdas de transmissão seriam inaceitáveis), mas esta opção estaria disponível, se necessário, para lidar com a contingência do sistema de serviço. No entanto, ao proporcionar a necessária estabilidade rotacional e de tensão através de controladores FACTS, em vez de grandes margens de estado estacionário, estima-se que a transferência normal de energia através das linhas de transporte aumente significativamente.

O segundo desejo sugere que, ao ser capaz de regular a corrente em linha (alterando a impendência efectiva da linha), o fluxo de potência pode ser restringido a corredores de transmissão contratados seleccionados, ao mesmo tempo que se pode atenuar a ocorrência de flop em paralelo e em anel. Está também implícito neste objetivo que o caminho primário do fluxo de potência deve poder ser rapidamente alterado para um caminho secundário disponível em condições de contingência, a fim de manter a transmissão global de potência desejada no sistema.

É fácil perceber que a realização dos dois desejos básicos aumentaria significativamente a utilização dos activos de transmissão existentes e novos e poderia desempenhar um papel importante na facilitação da desregulamentação com requisitos mínimos para novas linhas de transmissão.

A implementação dos dois desejos básicos acima referidos exige o desenvolvimento de compensadores e controladores de alta potência. A tecnologia necessária para tal é a eletrónica de alta potência (multi-centenas) com o seu controlo operacional em tempo real. No entanto, uma vez que um número adequadamente volumoso destes compensadores e controladores rápidos é desenvolvido no sistema, a coordenação e as interacções com diferentes configurações e objectivos do sistema, em condições normais e de contingência, apresentam um desafio tecnológico diferente. Este desafio consiste em desenvolver estratégias adequadas de controlo da otimização do sistema, ligações de comunicação e protocolos de segurança. A realização de um tal controlo global da otimização do sistema pode ser considerada como o terceiro objetivo da iniciativa dos factos.

1) Evitar a aplicação de sanções aos consumidores por consumo desnecessário de energia reactiva.

2) Reduz os custos e cria maiores receitas para o cliente.

3) Aumenta a capacidade do sistema e poupa custos nas instalações mais recentes.

Devido ao elevado custo dos dispositivos FACTS, é necessário colocar os dispositivos na melhor localização do sistema. Para a inauguração de condensadores e FACTS devem ser calculados aproximadamente índices. A inauguração do condensador shunt e do SVC baseia-se no VCPI e a do condensador série e do TCSC baseia-se num (FVSI). Neste esquema, as duas abordagens acima são utilizadas para descobrir o melhor local de dispositivos para melhorar o perfil de tensão na rede.

1.2 PESQUISA BIBLIOGRÁFICA

Ref[1]. A cooperação para o desenvolvimento da investigação no domínio da energia desenvolveu um software, que é utilizado para obter resultados rápidos e exactos. É utilizado para análise de estudos de passagem de energia e instalação de dispositivos FACTS. Este pacote é utilizado para resolver qualquer análise relativa aos problemas do sistema elétrico.

Ref [2]. Este livro representa a importância dos dispositivos FACTS e a introdução de dispositivos no sistema de energia. E lida com diferentes tipos de dispositivos e como os dispositivos funcionam e quais os parâmetros que devem ser controlados para um funcionamento eficaz.

Ref [9] Este guião representa a análise do fluxo de carga de importância utilizando o mi-power, através desta investigação podemos utilizar as magnitudes e os ângulos da tensão para diferentes análises. E, a partir daí, podemos executar o fluxo de carga através do método NR e este esquema é rápido e preciso em relação a outros métodos.

Ref [3] Este guião aborda a importância da reparação da potência reactiva indesejada, que pode ser conseguida através da utilização de controladores FACTS que proporcionam uma boa flexibilidade para controlar a potência real e imaginária. A análise foi testada utilizando o pacote mi -power.

Ref [4]. Este livro indica a importância da estabilidade do sistema durante a introdução e a saída de dispositivos no sistema e indica a variação dos dispositivos de entrada e saída durante as perturbações pós e prévias no sistema.

Ref[17]. Este guião dá uma ideia das dificuldades de contingência, tais como cortes de linha e falhas de máquinas. E o exame do grau de indisponibilidade baseado no desempenho em carga para (n-1) condições de indisponibilidade de linha. Os resultados deste documento dão uma ideia das gerações de energia real e imaginária de 14 barramentos.

Ref[10]. Este guião descreve o funcionamento do dispositivo TCSC, e os vários modos de funcionamento do dispositivo TCSC no sistema para controlo da passagem de energia e redução das perdas. Os resultados indicam a redução das perdas reais e imaginárias no sistema de catorze barramentos.

Ref [19] Este guião trata do funcionamento do SVC, que é um controlador de facto ligado em derivação, capaz de trocar energia reactiva com o sistema de energia controlado por controladores de derivação para enriquecer a controlabilidade e aumentar as capacidades de passagem de energia. E teste de análise num sistema de catorze barramentos.

Ref[16] Este guião descreve a SVC em condições de carga inferiores e a inauguração da SVC no sistema, melhorando o perfil de tensão e os resultados são testados em cinco barramentos utilizando o pacote de simulação do software mi-power.

Ref.[20]Este guião descreve a importância e os vários tipos de índices de estabilidade para a descoberta de linhas e barramentos delicados em qualquer sistema. Este guião dá uma ideia básica do índice rápido de estabilidade da tensão e do índice de previsão de colapso da tensão, que avalia o barramento mais próximo do colapso. Baseado em valores de um e zero.

Ref.[22]Este script discute sobre vários tipos de índices, o método VCPI é utilizado para descobrir o barramento delicado no sistema dado para qualquer número de barramentos, e este esquema é útil apenas para controladores shunt.

Ref.[21] Este documento inclui o papel do TCSC e a operação e introdução do TCSC é baseado no FVSI. Com esta abordagem, podemos identificar a linha sensível no sistema. Assim, o TCSC tem a responsabilidade de controlar a passagem de energia na linha, aumentar a capacidade de passagem de energia de crescimento.

Ref.[22] Este guião trata dos controladores de factos em sistemas de energia existentes na Índia.

1.3 OBJECTIVO E ÂMBITO DO PROJECTO

A paixão desta tese é enriquecer o desempenho do sistema utilizando condensadores e os dispositivos FACTS. Para atingir este objetivo, o trabalho a seguir foi realizado.

1) Desenvolvimento de um sistema de barramento IEEE 14 e IEEE 30 utilizando o software MI power

2) Executar o programa de fluxo de carga NR no MI-power para encontrar as tensões e os ângulos dos barramentos.

3) Desenvolvimento de um programa VCPI e FVSI para a melhor localização possível dos dispositivos de compensação utilizando MATLAB.

4) Desenvolvimento do sistema de barramento IEEE14 e IEEE 30 para diferentes condições de carga.

5) Desenvolvimento de um sistema de barramento IEEE 14 com instalação de condensadores shunt e série em condições normais e de sobrecarga.

6) Desenvolvimento de sistemas de barramento IEEE 14 e IEEE 30 com instalação de TCSC e SVC.

1.4 ORGANIZAÇÃO DA TESE

Após a introdução da tese

C capítulo 2Faz um   esboço dos estudos de sistemas de energia.

C capítulo   3 dá uma ideia geral dos condensadores e dos dispositivos FACTS.

C capítulo   4 dá uma   ideia geral da colocação óptima de compensadores e dispositivos FACTS no sistema.

C capítulo 5 dá uma   ideia geral do pacote Mipower.

C capítulo 6Apresenta   os resultados e a discussão

C capítulo 7Representa a conclusão e o âmbito futuro.

CAPÍTULO 2

ESTUDOS DE FLUXO DE ENERGIA

2.1 ANTECEDENTES

O estudo do fluxo de potência é a espinha dorsal da análise, conceção, planeamento, operação e futura expansão do sistema de energia.

Os estudos de fluxo de potência são executados para encontrar a potência real e imaginária e os ângulos ... etc. A solução do fluxo de potência e de carga é essencial para a avaliação do desempenho do sistema de energia.

Neste projeto, a análise do fluxo de carga é avaliada pelo método NR utilizando o pacote Mi- power.

2.2 estudos de fluxo de carga

A análise do fluxo de carga é a abordagem mais essencial e importante para investigar problemas no desempenho e planeamento do sistema de energia. A necessidade da análise do fluxo de carga consiste em obter informações completas sobre o ângulo e a magnitude da tensão para cada barramento de um sistema de energia para condições específicas de tensão e potência real da carga e do gerador. Uma vez obtida esta informação, o fluxo de potência real e imaginário em cada ramo, bem como a potência reactiva do gerador, podem ser logicamente determinados.

2.2.1 IMPORTÂNCIA PARA OS ESTUDOS DE FLUXO DE POTÊNCIA

1) Passagem de linha.

2) Poderes reais e imaginários.

3) Magnitudes de tensão.

4) Mostra o efeito da alteração da construção e da incorporação de novos circuitos na carga do sistema.

5) Funcionamento do sistema económico.

6) Otimização das perdas do sistema.

7) Melhorias num sistema existente através da alteração da dimensão dos condutores e das tensões do sistema.

2.3 CLASSIFICAÇÃO DOS AUTOCARROS

Um barramento é um nó no qual se ligam várias linhas, vários pv e pq. No sistema de energia eléctrica, cada nó ou barramento está associado a quatro aspectos, tais como a magnitude da tensão, o ângulo de fase, a potência real e a potência imaginária. Em função do que foi dito, os barramentos são classificados em três tipos.

2.3.1 BARRAMENTO DE CARGA: Chama-se barramento de carga a um barramento onde só há carga associada e não há saídas de PV. Neste barramento, a procura de carga real e imaginária p e q é obtida a partir da alimentação. A procura é normalmente estimada ou prevista como na previsão de carga ou calculada a partir de instrumentos.

2.3.2 BARRAMENTO DO GERADOR: Um barramento do gerador no sistema, em qualquer lugar onde a magnitude da tensão possa ser precisa, a potência real é desenvolvida por um gerador síncrono e pode ser variada alterando a entrada do motor principal.

2.3.3 SLACK BUS: O swing/slack bus é o barramento principal. Os ângulos de fase dos outros barramentos são relativos ao ângulo do barramento swing e as perdas na rede também são consideradas fornecidas pelo barramento swing.

2.4 ESTUDOS DE FLUXO DE ENERGIA

1) Método de Guass- Seidal

2) Método de Newton- Raphson

3) método dissociado

4) método de dissociação rápida

2.4.1 MÉTODO GUASS -SEIDAL

A GS é também designada por método de liedmann. A abordagem GS é um algoritmo iterativo para resolver um conjunto de equações não lineares. Para valores iniciais, a convergência é bastante sensível.

2.4.I. A. VANTAGENS

1) Este método é muito simples nos cálculos.

2) consequentemente, a programação é fácil

3) A capacidade de armazenamento é relativamente menor.

4) Este método é válido para sistemas menores.

2.4.1. B DESVANTAGENS

1) O número de iterações necessárias é elevado.

2) Esta abordagem não é aplicável a sistemas de grandes dimensões.

3) Com o aumento do número de autocarros, o período necessário para as convergências também aumenta.

2.4.2 MÉTODO DE NEWTON RAPHSON

A abordagem NR é utilizada para resolver equações não lineares em aritmética com uma convergência muito rápida. Este método requer mais memória quando são utilizadas coordenadas rectangulares, pelo que as coordenadas polares são preferidas para esta abordagem.

2.4.2. A. VANTAGENS

1) Mais preciso, mais rápido e mais fiável.

2) Menor número de iterações para a convergência.

3) Na realidade, em três a quatro iterações obtém-se uma boa convergência.

4) Este método é o mais indicado para a solução de fluxos de carga de sistemas de grande dimensão.

5) O número de iterações depende dos barramentos no sistema.

2.4.2. B DESVANTAGENS

1) A memória utilizada é elevada.

2) As iterações necessárias são muito superiores às do método guass-siedal.

3) O método de programação é difícil.

2.4.3. MÉTODO DISSOCIADO

O método NR é simples e computacionalmente capaz. A principal vantagem deste esquema em relação ao método NR é a redução da necessidade de memória para armazenar os elementos jocobianos. O tempo por iteração deste método é quase o mesmo que o do método NR e é sempre necessário um maior número de iterações, o que é essencial para obter uma solução exacta em vez de uma aproximação.

2.4.4. MÉTODO RÁPIDO DISSOCIADO

Este método também é conhecido como método P-Q e, em relação à abordagem NR, é mais simples e mais eficiente em termos algorítmicos.

2.4.4. A. VANTAGENS

1) A necessidade de memória é menor.

2) A precisão e o armazenamento são elevados.

3) A complexidade do método é mais fácil.

2.5 ANÁLISE DE CONTINGÊNCIA

Um sistema de energia envolve numerosos equipamentos eléctricos e a falha de alguns deles conduz a uma falha de energia e afecta os parâmetros do sistema para além dos seus limites de funcionamento.

Uma contingência é principalmente um corte de um transformador, gerador e/ou linha, e as suas posses são observadas com limites de segurança precisos.

2.5.1. Complicações devidas a contingências:

Qualquer componente do equipamento do sistema pode deixar de funcionar, quer por razões internas, quer por razões externas, por exemplo, descargas atmosféricas, objectos que atingem as torres de transmissão ou erros humanos na regulação dos relés. Tipos significativos de eventos de falha.

2.5.2 Interrupções nas linhas de transmissão:

As avarias nas linhas de transporte provocam alterações nos caudais e nas tensões das linhas nos equipamentos de transporte que permanecem associados no sistema, pelo que a análise das avarias nas linhas de transporte exige métodos de previsão desses caudais e tensões. A fim de garantir que estes estão dentro dos seus limites.

2.5.3 Falhas nas unidades de produção:

Esta falha pode também provocar alterações nos fluxos de linha e nas tensões no sistema de transmissão, com a acumulação de problemas dinâmicos relacionados com o sistema. As falhas de linha e de gerador são o tipo mais geral de falhas. Estas causam principalmente violações.

2.5.4. Violações de baixa tensão:

Este tipo de violação ocorre nos barramentos. Isto significa que a tensão no nó é inferior ao valor especificado. O intervalo de funcionamento da tensão em qualquer barramento é normalmente de 0,95-1,05 p.u. Assim, se a tensão cair abaixo de 0,95 p.u., o barramento é conhecido como barramento de baixa tensão. Se a tensão subir acima de 1,05 p.u., diz-se que o barramento tem um problema de alta tensão. É previsível que, na organização do sistema de energia, a potência reactiva seja frequentemente a causa dos problemas de tensão. Assim, no caso de um problema de baixa tensão, a potência reactiva é fornecida ao barramento para expandir o perfil de tensão no barramento. No caso da tensão elevada, a potência reactiva é absorvida nos barramentos para manter a tensão normal do sistema.

CAPÍTULO 3
COMPENSAÇÃO DE POTÊNCIA REACTIVA POR MEIO DE CONDENSADORES E DISPOSITIVOS DE FACTOS

3.1. INTRODUÇÃO

Este conteúdo trata dos elementos que consomem ou geram a potência reactiva no sistema de transmissão e distribuição.

E descreve também o funcionamento dos dispositivos e os parâmetros a controlar para um funcionamento fiável.

Os condensadores shunt e série, TCSC, SVC são os dispositivos utilizados para a compensação de potência reactiva e aumentam as capacidades de passagem de potência e, por conseguinte, a redução de perdas e a melhoria do perfil de tensão no sistema.

3.2 COMPENSAÇÃO DE POTÊNCIA REACTIVA EM SISTEMAS DE TRANSMISSÃO DE ENERGIA

A energia reactiva é produzida ou consumida em quase todos os elementos do sistema: produção, transmissão e distribuição e, finalmente, pelas cargas. A carga do consumidor quer potência reactiva que se desvia ininterruptamente e aumenta as perdas de transmissão, afectando a tensão na rede de transmissão. Para evitar variações inadequadas de alta tensão, é necessário que a potência reactiva seja remunerada no local do consumidor. Para evitar flutuações inadequadas de alta tensão ou as falhas de energia que podem resultar, esta potência reactiva deve ser compensada e mantida em equilíbrio. Esta capacidade tem sido realizada de forma fiável por componentes latentes, por exemplo, reactores ou condensadores, e para além de combinações dos dois que fornecem energia reactiva indutiva ou capacitiva. Quanto mais rápida e precisamente a compensação de energia reactiva puder ser realizada, mais eficientemente as várias qualidades de transmissão podem ser controladas. Assim, os aparelhos de comutação mecânica moderada foram quase inteiramente substituídos por componentes rápidos comutados e controlados por Thyirstor. Esta potência reactiva deve ser compensada e mantida em equilíbrio.

3.2.1. Efeitos do fluxo de potência reactiva

A passagem de potência reactiva no sistema tem as seguintes características no sistema.

1. Aumento das perdas no sistema de transmissão.

• Acrescentar às ligações das centrais eléctricas.

• Aumento dos custos de funcionamento.

2. Maior influência no desvio da tensão do sistema

• Degradação da ação da carga em subtensão.

• Risco de rutura da proteção em caso de sobretensão.

3. Limitação da passagem de energia.

4. Limites de estabilidade em estado estacionário e dinâmica.

3.2.2. Vantagens da compensação de potência reactiva

1) Diminuir as perdas na rede.

2) Aumentar a transferência de potência.

3) Elimina a penalização dos serviços públicos por utilização excessiva de energia reactiva.

4) Gera receitas mais elevadas para o consumidor, reduzindo os custos.

5) Amplia a capacidade do sistema e poupa custos nas instalações mais recentes.

3.3 CONDENSADOR DE DERIVAÇÃO

O capacitor de derivação é colocado para minimizar as perdas e ajuda na redução dos custos operacionais, e deve ser instalado em todos os lugares onde o uso reativo é adicional. O banco de capacitores shunt é um aparelho muito crucial de um sistema de energia. A potência utilizada para fazer funcionar todos os aparelhos eléctricos é a potência real. A potência real é conhecida em KW ou MW. A maior parte da carga ligada ao sistema de energia é maioritariamente indutiva no ambiente, como transformadores, motores de indução, motores síncronos, fornos, iluminação fluorescente. Além disso, as linhas também provocam indutância no sistema, o que faz com que a corrente do sistema fique atrás da tensão do sistema. À medida que o ângulo de atraso entre a tensão e a corrente aumenta, o fator de potência do sistema diminui. Uma vez que o fator de potência é inferior, para a mesma potência real exigida, o sistema retira mais corrente da alimentação. Mais corrente leva a perdas extras na linha. Para reparar estas complicações, o fator de potência deve ser melhorado. Como um condensador faz com que a corrente conduza a tensão, a reactância pode ser utilizada para eliminar a reactância indutiva da rede. Na maioria das vezes, perto do lado da carga, a utilização da potência reactiva é elevada. Posteriormente, são introduzidos onde ocorrem danos de baixa tensão. Os condensadores de derivação são colocados para diferentes utilizações.

1) Criam potência imaginária para desenvolver o fator de potência, aumentando assim a capacidade do sistema e diminuindo as perdas.

2) São introduzidos para melhorar o fator de potência.

3.3.1 Localização do condensador de derivação

Essencialmente, é sempre preferível colocar uma bateria de condensadores mais perto da carga reactiva, o que faz com que a transmissão de reactivos KVARS seja separada de uma maior parte da rede. Para além disso, se o condensador e a carga estiverem associados de forma constante, durante a retirada da carga, o condensador é também separado do resto do circuito. Por conseguinte, não haverá sobrecompensação. Mas envolver o capacitor com carga separada não é aplicado na opinião de caro, pois o tamanho das cargas difere enormemente para os consumidores alterados, portanto, vários tamanhos de capacitores não são continuamente acessíveis. Portanto, a compensação adequada não pode ser possível em cada ponto de carga. Mais uma vez, a carga individual não está associada ao sistema durante 365*24 horas. Portanto, o capacitor associado à carga também não pode ser totalmente utilizado. Embora a carga indutiva dos consumidores médios e grandes seja compensada, ainda assim haveria uma quantidade significativa de VAR originada por pequenas cargas alteradas não compensadas ligadas ao sistema. Além disso, a indutância da linha e do transformador também contribuem com VAR para a rede. Ao observar essas complicações, em vez de envolver o capacitor para a carga individual, um grande banco de capacitores é instalado na subestação de distribuição principal ou na subestação da rede.

3.3.2 Vantagens do condensador de derivação

Existem algumas vantagens específicas na utilização de condensadores de derivação

1. Reduz a corrente de linha do sistema.

2. Melhora o nível de tensão da carga.

3. Reduz também as perdas do sistema.

4. Melhora o fator de potência das fontes de corrente.

5. Reduz a carga do alternador.

6. Reduz o investimento de capital por mega watt de carga

Todos os benefícios acima mencionados vêm do facto de que o efeito do condensador reduz a corrente reactiva que flui através de todo o sistema. O capacitor de derivação quase desenha uma quantidade fixa de corrente principal que é sobreposta à corrente de carga e, como resultado, reduz as partes reativas da carga e, portanto, obtém melhor fator de potência.

3.4. CONDENSADORES EM SÉRIE

A ideia básica subjacente ao compensador de condensador série é diminuir a impendência global efectiva de transmissão série desde o início até à extremidade final da linha. A perspetiva linear é que a impendência do condensador de compensação ligado em série anula uma parte da reactância real da linha e, por conseguinte, a impendência de transmissão efectiva é reduzida como se a linha fosse fisicamente encurtada. Uma visão física igualmente válida e útil para a compreensão dos controladores de fluxo de potência é a de que, para aumentar a corrente através da impendência série de uma linha física (e, portanto, a potência transmitida), a tensão através desta impendência tem de ser aumentada. Isto pode ser conseguido através de um elemento de circuito (passivo ou ativo) ligado em série que produza uma tensão oposta à tensão predominante através da reactância da linha em série. O elemento mais simples é um condensador, mas, como se verá, fontes de tensão mais bem controladas podem realizar esta função de uma forma muito mais generalizada, facilitando assim o controlo total do verdadeiro fluxo de potência na linha.

3.4.1 Vantagem do condensador em série

A compensação em série tem inúmeras vantagens, tais como.

1. Aumentar a capacidade de transmissão

2. melhoria da estabilidade do sistema

3. Repartição da carga pelas linhas.

4. Controlo da tensão.

3.4.1. A. Aumentar a capacidade de transmissão

Ao inaugurar um condensador em série na linha e ao ajustar a reactância da linha no sistema, as perdas na linha são modificadas e o crescimento da capacidade de transferência de energia é descoberto.

$$P_1 = \frac{V_S V_R}{(X_L)} \sin \delta \tag{3.1}$$

P é a potência transferida

V_S está a enviar a tensão de fase final

V_R está a receber a tensão de fase final

X_L é a reactância indutiva série da linha

δ é o ângulo de fase entre V_S e V_R

Se um condensador com reactância de capacitância X_C for ligado em série com a linha, a reactância de linha da linha é condensada de X_L para $(X_L - X_C)$. A transferência de potência é dada por

$$P_2 = \frac{V_S V_R}{(X_L - X_C)} \sin \delta \tag{3.2}$$

X_L é a soma da reactância indutiva da linha por fase

X_C é a reactância capacitiva.

3.3.2. B. Melhoria da estabilidade do sistema

Para a mesma transferência de potência e para o mesmo valor de tensão final de envio e receção, o ângulo de fase δ no caso da linha de impendência em série é menor do que para a linha não compensada. O valor reduzido de δ proporciona uma maior estabilidade, pelo que se registará uma melhoria na estabilidade do sistema.

3.3.3. C. Divisão da carga entre linhas paralelas

Os condensadores em série são utilizados nos sistemas de transmissão para melhorar a divisão da carga entre as linhas. Quando uma linha única com grande capacidade de troca de energia é colocada em paralelo com uma linha efetivamente existente, não é fácil carregar a linha mais recente sem sobrecarregar a linha mais antiga. Nesse caso, a compensação para reduzir a reactância em série e a divisão de carga adequada entre circuitos paralelos pode ser feita de forma simples. A divisão de cargas aumenta a capacidade de passagem de energia do sistema e reduz as perdas.

3.3.4. D. Controlo da tensão

Nos condensadores em série, a potência reactiva é normalmente modificada com a variação da corrente de carga, pelo que as quedas de tensão devidas a variações bruscas de carga são imediatamente corrigidas.

3.5 SISTEMA FLEXÍVEL DE TRANSMISSÃO POR CORRENTE ALTERNADA
Definição

Um sistema flexível de transmissão de corrente alternada (FACTS) é definido pelo IEEE como um sistema de transmissão de corrente alternada que incorpora controladores baseados em eletrónica de potência e outros controladores estáticos para melhorar a capacidade de controlo e aumentar a capacidade de transferência de energia.

O parâmetro que rege o funcionamento do sistema de transmissão:

* Impedância em série

* Impedância de derivação

* Atual

* Tensão

* Ângulo de fase.

Ao melhorar o controlo das restrições acima mencionadas, é possível aumentar a flexibilidade de qualquer linha CA ou de qualquer parte de um sistema CA, em particular aumentando ou diminuindo o fluxo de potência numa dada linha ou parte do sistema. Esta melhoria do controlo conduz à correspondente melhoria do funcionamento do sistema de transmissão em corrente alternada. Neste caso, os dispositivos FACTS permitem melhorar a controlabilidade e a capacidade de transmissão de energia dos sistemas de corrente alternada, tanto em termos de flexibilidade como de velocidade.

3.5.1. Classificação dos dispositivos FACTS

Em geral, os dispositivos podem ser classificados, de acordo com a sua ligação, em

1. Controladores shunt: Entre os controladores shunt, os principais são o compensador estático de VAR (SVC) e o compensador síncrono estático (STATCOM).

2. controladores em série: A categoria de controladores série inclui dispositivos como o condensador série controlado por tiristor (TCSC) e o compensador série síncrono estático (SSSC).

3.Controladores combinados: Dispositivos como o transformador de mudança de fase controlado por tiristores (TCPST), o controlador de fluxo de potência entre linhas (IPFC), o controlador de fluxo dinâmico (DFC) e o controlador de fluxo de potência unificado (UPFC) pertencem a esta terceira categoria de FACTS.

Outra classificação concebível dos FACTS baseia-se na tecnologia de eletrónica de potência utilizada para os conversores:

4. Controladores baseados em tiristores. Esta categoria inclui os dispositivos FACTS baseados em tiristores, nomeadamente o SVC, o TCSC, o TCPST e o DFC.

Controladores baseados em fontes de tensão. Estes dispositivos baseiam-se em tecnologias de eletrónica de potência mais avançadas, como o GTO, o IGCT e o IGBT. Este grupo inclui o STATCOM, o SSSC, o IPFC e o UPFC.

Ao contrário dos dispositivos baseados em tiristores, os controladores baseados em fontes de tensão são capazes de impor uma tensão em derivação ou em série no ponto em que a potência é injectada no sistema, a fim de atingir objectivos de controlo definidos.

3.5.1 VANTAGENS DOS DISPOSITIVOS DE FACTO.

Os dispositivos são capazes de responder à maioria destes desejos, tornando as redes de serviços públicos mais fiáveis, mais controláveis e mais eficientes.

A utilização de dispositivos pode permitir a obtenção das seguintes vantagens fundamentais

1. Controlo da passagem de potência real e reactiva de forma suave e rápida até um determinado nível.

2. As perdas na rede são optimizadas através da redução do fluxo de potência reactiva indesejada.

3. Aumentar o potencial de carga das linhas de transmissão para níveis mais próximos dos seus limites térmicos sem violar (n -1) restrições de segurança.

4. Melhora o estado estacionário e a estabilidade do sistema de energia.

5. Reduzir as quedas de tensão em série, tanto em magnitude como em fase, nas linhas.

6. As oscilações de tensão são limitadas a uma gama aceitável na presença de variação da potência de transmissão.

7. Melhorar o amortecimento do sistema na presença de oscilações.

8. Evitar fluxos de energia indesejados no circuito.

9. Desviar com rapidez e precisão a passagem de energia da linha de transmissão congestionada para caminhos semelhantes livres.

Em condições económicas, a instalação de FACTS pode oferecer os benefícios directos do processo:

1. Comércio de energia suplementar devido ao aumento do potencial de transmissão.

2. Evitar ou adiar os investimentos nas mais recentes linhas de transmissão de alta tensão e/ou na mais recente produção de eletricidade.

3. Fiabilidade do sistema Zenith.

4. Reduzir as perdas do sistema.

3.6. CONDENSADOR SÉRIE CONTROLADO POR TIRISTOR

Em 1986, o esquema TCSC foi proposto por Vithayathil. O TCSC é utilizado em sistemas de energia para controlar a reactância da linha de transmissão diretamente para proporcionar uma compensação de carga adequada. O lucro do TCSC é observado na sua capacidade de controlar a quantidade de compensação de uma linha de transmissão, e na sua capacidade de operar em vários modos. Os modelos de TCSC funcionam da mesma forma que a compensação fixa em série, mas permitem controlar a reactância absorvida pelo dispositivo de condensador.

Um compensador em série controlado por tiristores é constituído por uma série de capacitâncias que têm um ramo paralelo que inclui um reator controlado por tiristores. O TCSC funciona em diferentes modos, dependendo de onde o tiristor para o ramo indutivo é acionado. O funcionamento depende dos vários modos a seguir indicados.

Modo de bloqueio: O valor do tiristor está constantemente desligado, abrindo o ramo indutivo e fazendo com que o TCSC funcione como FSC.

Modo de passagem: O valor do tiristor está permanentemente ligado, fazendo com que o TCSC funcione como condensador e indutor em paralelo, reduzindo a corrente através do TCSC.

Modo capacitivo: O valor do Tiristor da tensão de avanço é ativado ligeiramente antes de a tensão capacitiva cruzar o zero para permitir que a corrente flua através do ramo indutivo, adicionando à corrente capacitiva. Isto aumenta efetivamente as capacitâncias do TCSC sem necessitar de um grande condensador dentro do TCSC.

Devido ao facto de o TCSC permitir vários modos de funcionamento em função das necessidades do sistema, o TCSC é utilizado por várias razões: para além de todas as ajudas do FSC, o TCSC permite uma melhor compensação simplesmente utilizando um modo de funcionamento diferente, bem como o controlo da corrente de linha em caso de defeito. A capacidade de amortecer estas oscilações deve-se ao sistema de controlo do compensador. Estes resultados indicam a capacidade de transferir mais energia e a possibilidade de ligar os sistemas eléctricos de várias áreas a longas distâncias.

3.6.1. VANTAGENS DO TCSC

1. Poupança de custos devido à redução das perdas.

A redução das perdas totais do sistema tem a vantagem de fazer baixar o custo do combustível produzido. Uma vez que a potência real dos geradores deve suprir as cargas e perdas do sistema, o custo do combustível cairá quando as perdas do sistema forem reduzidas.

2. Melhorar o perfil de tensão

O perfil geral da tensão é melhorado através do achatamento e do aumento do valor da tensão nominal, principalmente porque o perfil da tensão é uma medida do fluxo de potência reactiva num sistema de energia, podendo a tensão variar significativamente de posição para posição.

3. Melhor controlo da tensão

É possível um controlo de tensão melhorado num sistema.

4. maior segurança do sistema

A segurança do sistema é melhorada através de uma melhor utilização dos recursos reactivos, tendo assim uma maior reactância disponível para condições do sistema que exijam aumentos súbitos da procura de reactiva. Embora muitas condições diferentes possam causar um aumento súbito da procura de reactiva no sistema, o aumento substancial da carga de linhas MAT já muito carregadas, na sequência do disparo de outras linhas MAT, causaria geralmente o maior aumento da procura de reactiva no sistema.

5. Melhoria da capacidade de transferência interbancária

O carregamento das linhas de transmissão diminui devido à redução do fluxo de potência reactiva, o descarregamento permite uma maior capacidade de potência real, o que permite uma melhor capacidade de transferência de intercâmbio.

3.7 COMPENSADOR ESTÁTICO DE VAR

Uma SVC pode fornecer continuamente a potência reactiva necessária para controlar as oscilações dinâmicas da tensão em várias condições do sistema, melhorando assim a estabilidade da transmissão e distribuição do sistema de energia. A introdução de uma SVC em um ou mais locais adequados da rede pode aumentar a capacidade de passagem de energia e reduzir as perdas, mantendo um perfil de tensão suave em diferentes condições da rede. Em acumulação, um SVC pode atenuar as oscilações da potência ativa através da modulação da amplitude da tensão. O Compensador Estático de Variáveis é utilizado para controlar a tensão do barramento. Controla o perfil de tensão do barramento injectando e recebendo a potência reactiva do sistema. O circuito básico do SVC é apresentado na Fig. Contém um condensador fixo e um indutor variável ligados em paralelo. Ao variar a reactância indutiva, a corrente consumida ou injectada pelo SVC é controlada.

Reator controlado por tiristor (TCR):

No sistema elétrico, o (TCR) é uma reactância ligada a uma válvula tiristor bidirecional. A válvula Thyirstor é controlada por fase, o que permite que o valor da potência reactiva fornecida seja ajustado para satisfazer as condições variáveis do sistema. As reactâncias controladas por tiristores podem ser utilizadas para restringir o crescimento da tensão em linhas de transmissão pouco carregadas.

Condensador comutado por tiristor (TSC):

É um equipamento utilizado para compensação de energia reativa em sistemas de energia elétrica. É constituído por um condensador de potência associado em série a uma válvula Thyirstor bidirecional e, normalmente, a um reator limitador de corrente (indutor). O TSC é um componente essencial de um (SVC), onde é frequentemente utilizado em combinação com um (TCR). Ao contrário do TCR, um TSC não cria harmónicos e, portanto, não envolve filtragem. Para este efeito, alguns SVCs foram fabricados apenas com TSCs, o que pode conduzir a uma solução moderadamente rentável em que o SVC apenas necessita de potência reactiva capacitiva, embora um inconveniente seja que a saída de potência reactiva só pode ser variada em fases. A saída de potência reactiva continuamente variável só é possível quando o SVC contém um TCR ou um elemento variável alternativo, como um STATCOM.

Reator de comutação de tiristores (TSR):

Trata-se de um TCR de instância única em que a opção de controlo do ângulo de disparo variável não é aplicada. Em vez disso, o dispositivo funciona apenas em dois estados: completamente ligado ou completamente desligado. A reactância comparável é diferenciada de forma gradual.

Condensador comutado mecanicamente (MSC):

Em (MSC), o condensador é comutado por um disjuntor e destina-se a compensar a potência reactiva em estado estacionário. É comutado apenas algumas vezes por dia.

Características V-I do SVC

A SVC é basicamente um controlador/carga shunt cuja saída é ajustada para trocar corrente capacitiva ou indutiva de modo a manter ou controlar variáveis específicas do sistema: tipicamente, a variável controlada é a tensão do barramento da SVC. Uma das principais razões para instalar uma SVC é melhorar o controlo dinâmico da tensão e, assim, aumentar a capacidade de carga do sistema. A SVC pode ser operada em dois modos diferentes:

No modo de regulação da tensão

No modo de controlo VAr (a susceptância do SVC é mantida constante)

A caraterística V-I do SVC é a mostrada na Fig. 3

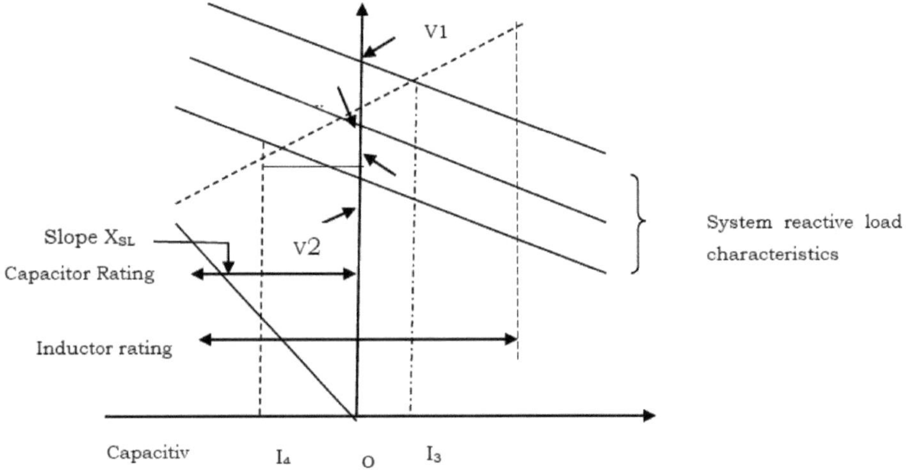

Figura 3: Características V-I do svc

Três atributos do sistema são descritos ponto a ponto em relação a três estimativas da tensão da fonte. O ponto central descreve as condições nominais do sistema e é aceite para satisfazer a caraterística SVC no ponto A, onde $V = V_0$ e $I = I_s$. No caso de a tensão da rede aumentar em ΔE, devido à diminuição do nível de carga do sistema, a tensão de barramento V aumentará para V_1 sem a existência de um SVC. Com o SVC, o ponto funcional desloca-se para B, através da utilização da corrente indutiva I3. Consequentemente, o SVC mantém a tensão V_3 no seu lugar de V_1 sem o SVC. Da mesma forma, se a tensão do sistema diminuir em ΔE, devido ao aumento do nível de carga do sistema, a tensão de barramento V diminuirá para V_2 sem um SVC. Com o SVC, o ponto de funcionamento desloca-se para C, injectando a corrente capacitiva I4. Assim, o SVC mantém a tensão V_4 no seu lugar de V_2 sem o SVC.

As SVCs são utilizadas para realizar as funções seguintes:

- Estabilização de tensão dinâmica, maior capacidade de passagem de energia, variação de tensão barata

- Melhorias na estabilidade síncrona semelhantes ao aumento da estabilidade transitória, melhor amortecimento do sistema de energia

- Balanceamento dinâmico de carga

- A tensão em estado estacionário mantém-se.

3.8 Papel do SVC no sistema elétrico

A tarefa habitual dos SVCs é ajustar a quantidade de compensação de potência reactiva às necessidades básicas do sistema e depois controlar a tensão.

A compensação flexível e ininterrupta da energia reactiva é possível através da utilização de elementos shunt comutados por tiristores que funcionam tanto na região capacitiva como na indutiva. Essencialmente, o SVC é composto por uma combinação de TCRs, TSCs e condensadores ou reactores fixos.

Como os SVCs são capazes de controlar a tensão e a potência reactiva de forma incessante e rápida, oferecem inúmeras possibilidades de melhorar o desempenho do sistema de transmissão. Algumas delas são:

1 Para obter um controlo eficaz da tensão.

2 Para igualar a carga de fases individuais, ou seja, cargas assimétricas.

3 Aumentar a capacidade de passagem de energia ativa da rede de transporte existente e da mais recente.

4 Para aumentar a margem de estabilidade transitória.

5 Para aumentar o amortecimento das oscilações de potência.

6 Para reduzir as sobretensões temporárias.

7 Para gerir a produção reactiva do parque eólico.

CAPÍTULO 4

COLOCAÇÃO ÓPTIMA DE DISPOSITIVOS DE COMPENSAÇÃO DE POTÊNCIA REACTIVA

4.1.INTRODUÇÃO

A estabilidade da tensão tornou-se uma questão muito importante na análise de sistemas. A estabilidade diz respeito à capacidade de um sistema de energia de se manter aceitável em todos os nós do sistema em condições normais e após ter sido afetado por uma perturbação.

À medida que os sistemas de energia se tornam mais complicados e mais carregados, juntamente com as restrições económicas e ambientais, a instabilidade da tensão torna-se um problema cada vez mais grave, levando os sistemas a funcionar perto dos seus limites.

Estes índices serão apresentados para revelar quão perto da instabilidade de tensão um sistema pode ser operado e que pode levar ao apagão em grandes partes do sistema de energia inter-relacionado

Estes índices fornecem informações fiáveis sobre a proximidade da instabilidade da tensão num sistema de energia. Normalmente, os seus valores variam entre zero (sem carga) e um (colapso da tensão).

4.2 DIFERENTES TIPOS DE ÍNDICES

1. Índice de estabilidade da linha

2. Índice de previsão de colapso da tensão (VCPI)

3. Índice de estabilidade de tensão rápida (FVSI)

4. Índice de estabilidade da transferência de energia (PTSI)

5. Índice L (LI)

4.2.1. Índice de estabilidade da linha

M.Moghavemmi derivou um índice de linha baseado no conceito de transmissão de energia numa única linha, em que o discriminante da equação da tensão é definido como sendo superior ou igual a zero para obter estabilidade. Se o valor for inferior a zero, as raízes serão imaginárias, o que significa que conduz à instabilidade do sistema

$$L_{mn} = \frac{4XQ_j}{v_i \sin(\theta - \delta)} \tag{4.1}$$

Em que θ é o ângulo de impendência da linha.

δ é a variação angular entre a tensão de alimentação e a tensão da extremidade recetora.

As linhas que apresentam valores de L_{mn} próximos de um, indicam que essas linhas estão mais próximas dos seus pontos de instabilidade. Para manter uma condição segura, o índice L_{mn} deve ser inferior a um.

4.2.2. Índice de previsão de colapso de tensão

O método é derivado da equação do fluxo de potência, que é válida para vários barramentos no sistema.

$$vcpi_q = \left| 1 - \left. \sum_{m=1,m\neq q}^{n} v_m' \middle/ v_q \right. \right| \tag{4.2}$$

$$v_m' = \left. y_{qm} \middle/ \sum_{j=1,\neq q}^{n} y_{qj} \right. \tag{4.3}$$

V_q é o fasor de tensão no barramento q

V_m é o fasor de tensão no barramento m

Y_{qm} é a admitância entre os barramentos q e m

Y_{qj} é a admitância entre os barramentos q e j

q é o barramento de controlo

Mis o outro barramento associado ao barramento q

N é o conjunto de barramentos do sistema

O VCPI varia entre zero e um. Se o valor for zero, a tensão no barramento q é tratada como estável e se o valor for igual a um, supõe-se que ocorra um colapso. O VCPI é considerado apenas com a informação do fasor de tensão dos barramentos participantes e da impendência das linhas relacionadas. O cálculo é fácil, sem alteração da matriz. O procedimento permite um cálculo rápido.

4.2.3. ÍNDICE DE ESTABILIDADE DE TENSÃO RÁPIDA

O FVSI introduzido por I. Musirin baseia-se numa ideia de fluxo de potência numa única linha. Para uma linha de transmissão típica, o índice é calculado por

$$FVSI_{iL} = \frac{4Z^2\,Q_L}{V_I^2 x_{iL}}$$ (4.4)

Onde

Impendência da linha Zisthe,

Xé a reactância da linha.

Q_L é a potência reactiva na extremidade recetora.

v_i é a tensão da extremidade emissora

A linha que dá um valor de índice próximo de 1 será a linha máxima crítica do sistema e pode levar à instabilidade de todo o sistema. O valor FVSI de qualquer linha próximo da unidade indica que o sistema é suscetível de colapso de tensão. Por conseguinte, o FVSI tem de ser mantido inferior à unidade para manter o sistema estável.

4.2.4. Índice de estabilidade da transferência de energia

Este índice é desenvolvido tendo em conta as tensões estáveis dos nós. É derivado da descoberta do melhor lugar para os dispositivos de facto no barramento mais crítico do sistema que pode levar à instabilidade da tensão do sistema quando a carga aumenta acima de um certo limite. Considere uma rede simples de dois barramentos como mostrado na fig3.1

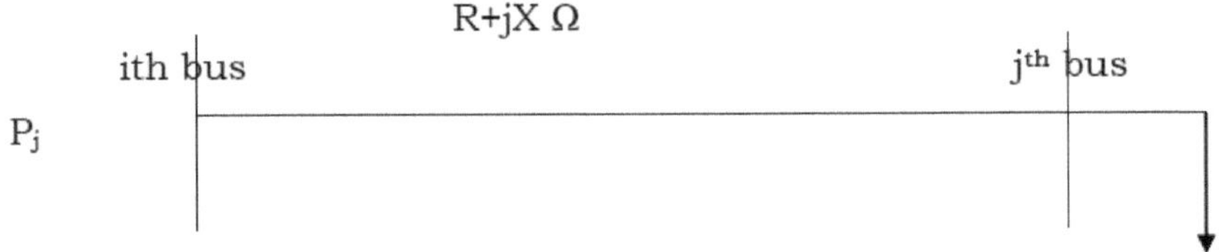

Fig 4.1 Diagrama unifilar do sistema elétrico

O índice de estabilidade da transferência de potência é calculado como

$$PSI = \frac{4P_j R_{ij}}{[|V_i|\cos(\theta - \delta)]^2}$$ (4.5)

Onde

R_{ij} é a resistência de linha entre 1th e j^{th} bus

P_j Potência ativa no barramento j [>th]

V_j Tensão no barramento i^{th} .

θ Ângulo de impendência da linha

δ Diferença entre os ângulos i^{th} e j^{th} barramento

4.2.5 L-ÍNDICE

O índice L é proposto por Kessel. Através da solução das equações do fluxo de potência, obtém-se o índice de estabilidade da tensão. O índice L é um indicador quantitativo para a avaliação da situação atual do sistema até ao limite de estabilidade. O índice L descreve a estabilidade do sistema completo e é dado por

$$L = max_{je\alpha k}\{l_k\} = max \frac{\left|1 - \Sigma_{1e\alpha G} F_{ji} v_i\right|}{v_j} \tag{4.6}$$

ak é o local dos nós pq

aG é o local dos nós pv.

Lj é um indicador local que determina os barramentos de onde o colapso pode ter origem.

O índice L varia num valor entre zero (sem carga) e um (colapso).

CAPÍTULO 5

VISÃO GERAL DO PACOTE MIPOWER

5.1 INTRODUÇÃO

A Power research and development consultant pvt.ltd é uma empresa de consultoria global inovadora no sector da energia há mais de duas décadas e está entre as maiores da sua categoria.

A PRDC tem ajudado várias indústrias a criar produtos e soluções inovadoras que optimizaram drasticamente os custos e ganharam vantagem sobre a concorrência, reduzindo o tempo de colocação no mercado. O âmbito das capacidades estende-se a várias fases, incluindo a conceção, a verificação do desenvolvimento, a validação, o fabrico e a criação de protótipos.

O software de simulação de sistemas de energia Mi é fabricado na Índia e criado por especialistas com vasta experiência em estudos de sistemas de energia e programas de computador de alto desempenho.

5.2 Vista geral do MI POWER

O pacote MiPower ajuda o engenheiro de sistemas de energia durante as fases operacionais ou de planeamento de um sistema de energia. Este pacote é amplamente útil para as indústrias de serviços de energia, instituições de investigação e de ensino. O pacote foi concebido para funcionar com o sistema operativo Windows. O pacote oferece uma interface gráfica de fácil utilização para gerar relatórios e diagramas unifilares de sistemas de energia, uma base de dados centralizada para armazenar informações sobre os elementos do sistema de energia e suporte para impressão ou plotagem de relatórios e diagramas unifilares.

O software MiPower foi desenvolvido pela Power Research & Development Consultants Private Limited (PRDC). É uma organização dinâmica com experiência central no sector da energia, fornecendo soluções lúcidas para problemas altamente complexos do sistema de energia. A forte equipa da PRDC é composta por pessoas altamente qualificadas, experientes e dedicadas. A PRDC é gerida por tecnocratas altamente qualificados com doutoramentos do Instituto Indiano de Ciência de renome mundial, Bangalore, Índia. A missão é fornecer soluções de ponta para sistemas de energia. A PRDC está na vanguarda na prestação de serviços ao sector da energia sob a forma de planeamento e estudos de sistemas, principalmente para as autoridades e serviços públicos estatais de eletricidade.

O pacote MiPower inclui uma interface com aplicações de energia do sistema de energia, como a análise do fluxo de potência, a análise de falhas, o fluxo de potência ótimo, a análise de contingências, a coordenação de relés de sobrecorrente, a análise de estabilidade, a análise de transientes electromagnéticos, a análise de harmónicas, a previsão de carga a longo prazo, o cálculo de parâmetros de linha e o cálculo de parâmetros de cabo. No MiPower, a análise do fluxo de carga utiliza a técnica de esparsidade para uma gestão eficiente da memória. Utiliza o conceito de barramento de folga nos métodos de análise de fluxo de carga de desacoplamento rápido, Newton - Raphson e Gauss - Seidel. É também utilizado para encontrar a classificação óptima e de contingência no sistema. Ao utilizar o MiPower, a linha de transmissão pode ser aberta num ou em ambos os lados, a modelação de transformadores de dois e três enrolamentos com derivação automática, derivação fixa fora do nominal e mudança de fase pode ser feita, é possível agrupar barramentos por zona/área, a compensação MVAR também pode ser obtida. No MiPower, a análise da instabilidade da tensão pode avaliar o risco de estabilidade da tensão, encontrar o índice L, os valores do indicador de proximidade do colapso da tensão, calcular a margem de instabilidade durante perturbações súbitas, classificar os barramentos de carga com base no valor do índice L e também fornece o relatório gráfico da instabilidade da tensão para uma melhor análise.

5.3 Blocos de simulação

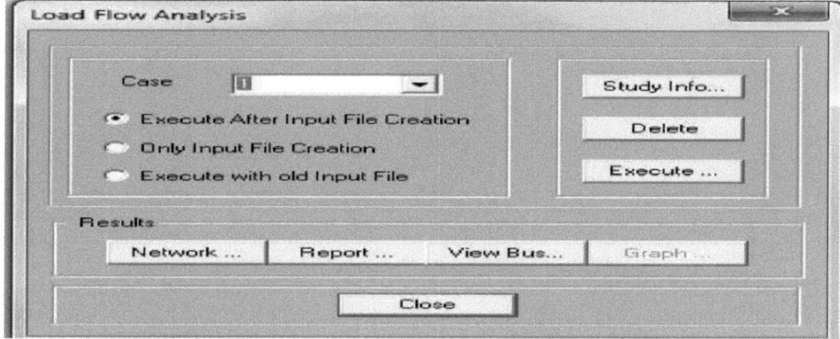

Fig.5.1 Bloco de análise do fluxo de carga .

A partir da fig. 5.1, observa-se que o bloco é utilizado para a análise do fluxo de carga de um número de sistemas de barramento. Neste bloco, as informações de estudo, a execução e os parâmetros do relatório são utilizados para a execução.

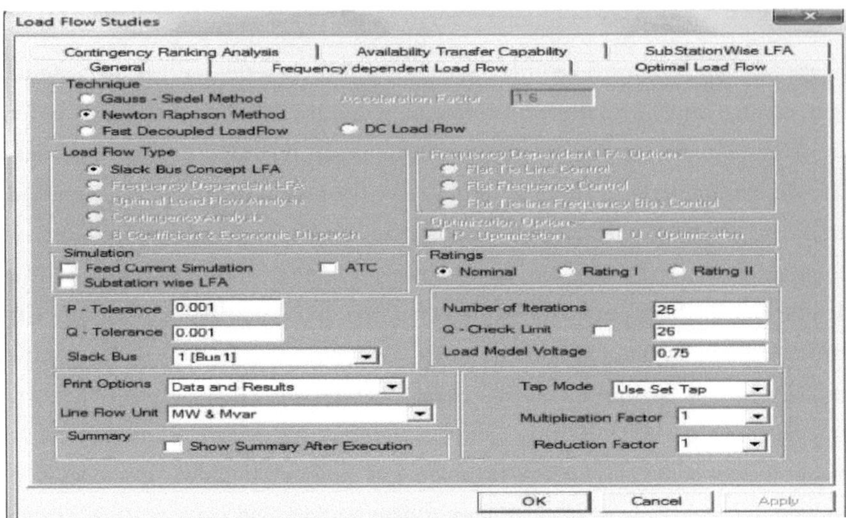

Fig.5.2. Bloco de estudos de fluxo de carga .

A partir da fig. 5.2, observa-se que este bloco é utilizado para selecionar o método NR para a análise dos fluxos de carga.

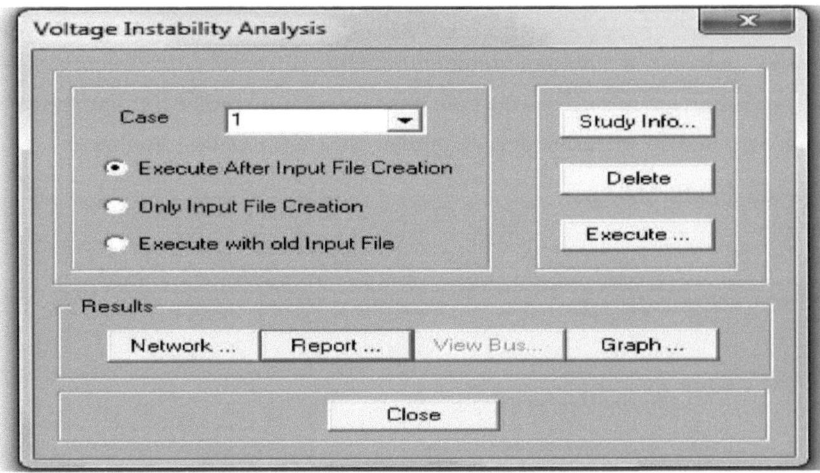

Fig.5.3. Bloco de análise da instabilidade de tensão .

Da fig. 5.3 observa-se que este bloco é utilizado para encontrar os barramentos mais fracos do sistema.

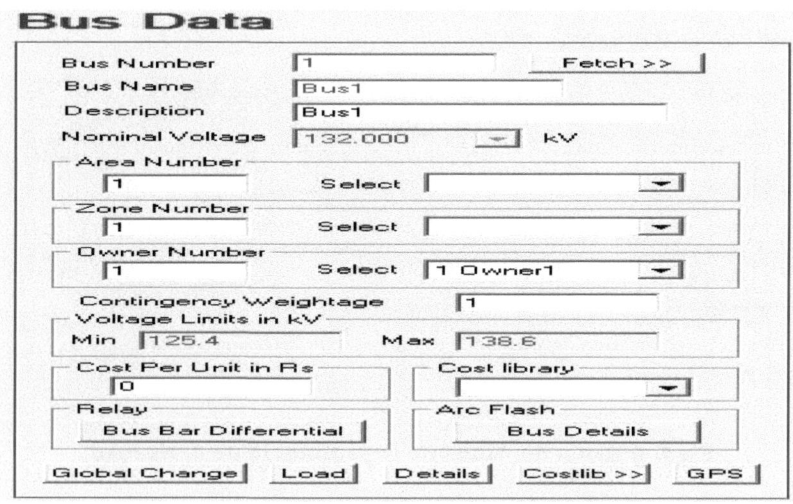

Fig 5.4 Bloco de dados do barramento .

A partir da fig. 5.4, observa-se que este bloco é utilizado para ligar os autocarros no sistema.

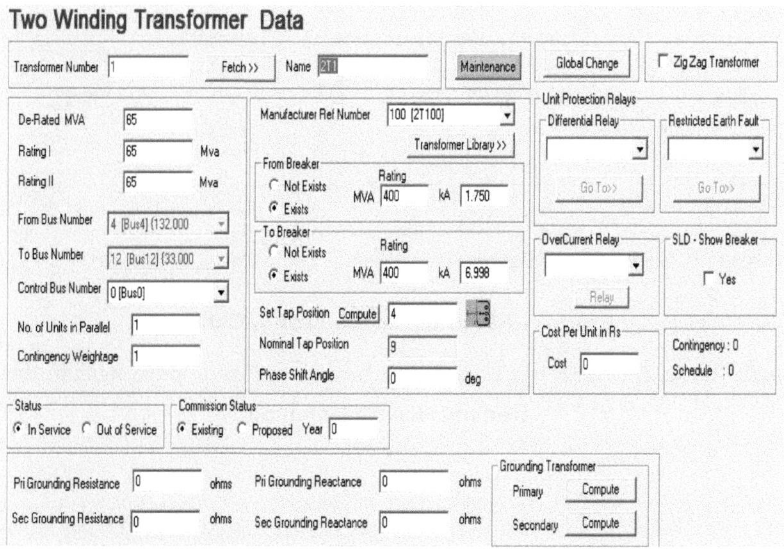

Fig.5.5 Dados do transformador de dois enrolamentos

A partir da fig. 5.5, observa-se que este bloco é utilizado para ligar dois transformadores de enrolamento no sistema.

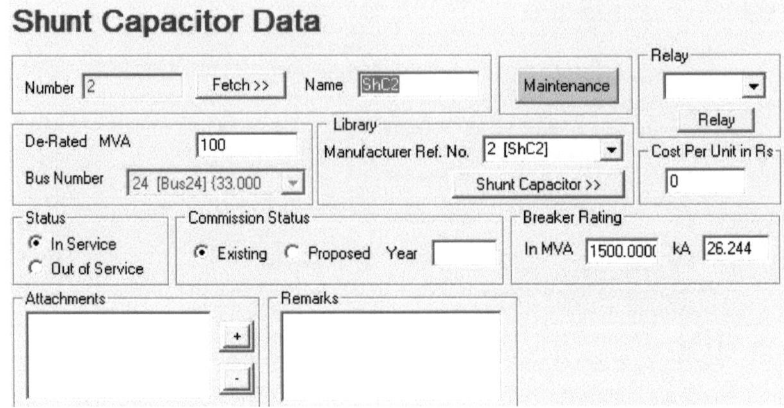

Fig.5.6 Bloco de dados de capacitância de derivação .

A partir da fig. 5.6, observa-se que este bloco é utilizado para ligar o condensador de derivação para compensação da potência reactiva.

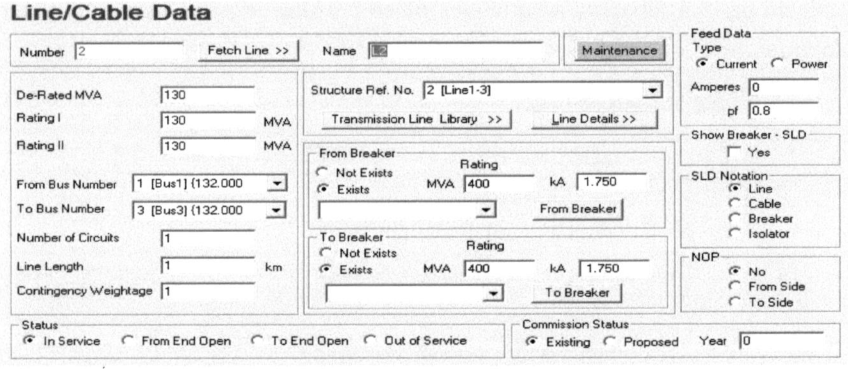

Fig.5.7. Bloco de dados Linha/Cabo .

A partir da fig. 5.7, observa-se que este bloco é utilizado para ligar linhas de transmissão no sistema.

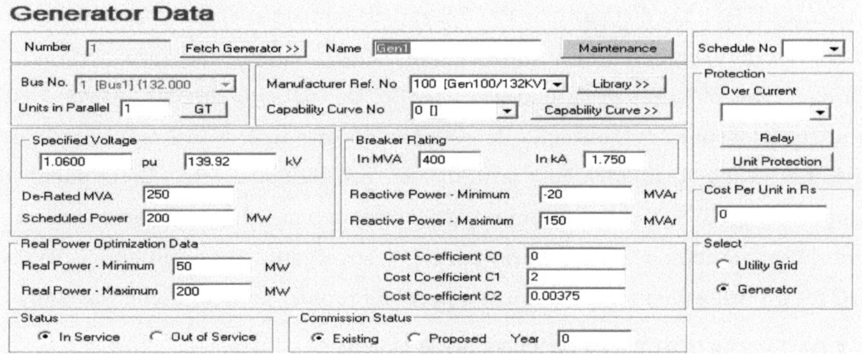

Fig.5.8. Bloco de dados do gerador.

A partir da fig. 5.8, observa-se que este bloco é utilizado para ligar linhas de transmissão no sistema.

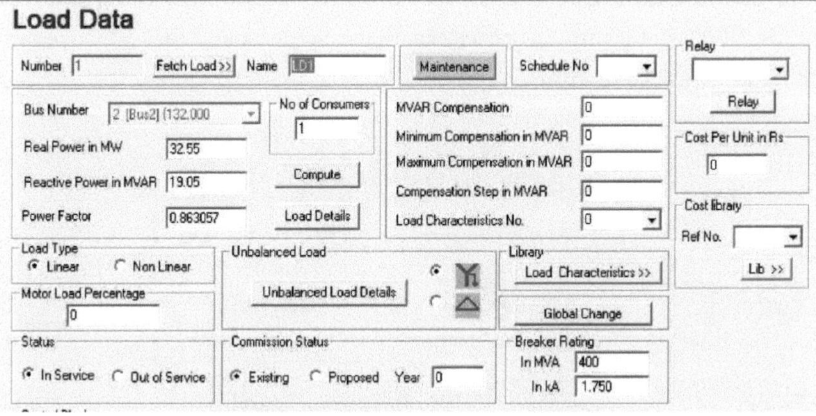

Fig.5.9. Carregar bloco de dados .

A partir da fig. 5.9, observa-se que este bloco é utilizado para ligar cargas no sistema.

MiPower é um pacote de software de análise de sistemas de energia altamente interativo e de fácil utilização, baseado no Windows. Inclui um conjunto de módulos para efetuar vários estudos como o fluxo de carga, curto-circuito, estudos dinâmicos, etc. Numerosos elementos do sistema de energia podem ser modelados utilizando o MiPower. Nos últimos desenvolvimentos, os dispositivos FACTS, tais como SVC, STATCOM, TCSC, (SPS) e UPFC são também adicionados como novos elementos. Os modelos de estado estacionário são desenvolvidos para estudos de fluxo de carga (LFA). Os modelos dinâmicos incluem estudos de simulação de transientes (TRS). Os dispositivos FACTS são classificados em três tipos diferentes. São eles os controladores shunt (SVC, STATCOM), os controladores série (TCSC, SPS) e os controladores série e shunt (UPFC). Os modelos de dispositivos FACTS são adequados para a realização de estudos de interligação da rede, estudos de planeamento da transmissão, estudos de estabilidade, etc. O impacto dos dispositivos FACTS no desempenho do sistema em estado estacionário e na melhoria da estabilidade transitória pode ser observado. Neste projeto, o SVC e o TCSC foram utilizados para melhorar o perfil de tensão do sistema de transmissão.

5.4 COMPENSADOR ESTÁTICO DE VAR (SVC)

O modelo é baseado no modelo de dispositivo de reator controlado por tiristor-capacitor fixo (TCR-FC). Neste projeto é utilizado o modelo de impedância variável e são considerados os limites de potência reactiva indutiva e capacitiva, ou seja, pode ser operado na região capacitiva ou na região indutiva como um TCR. O declive da SVC determina a potência reactiva de saída da SVC para uma determinada condição de funcionamento.

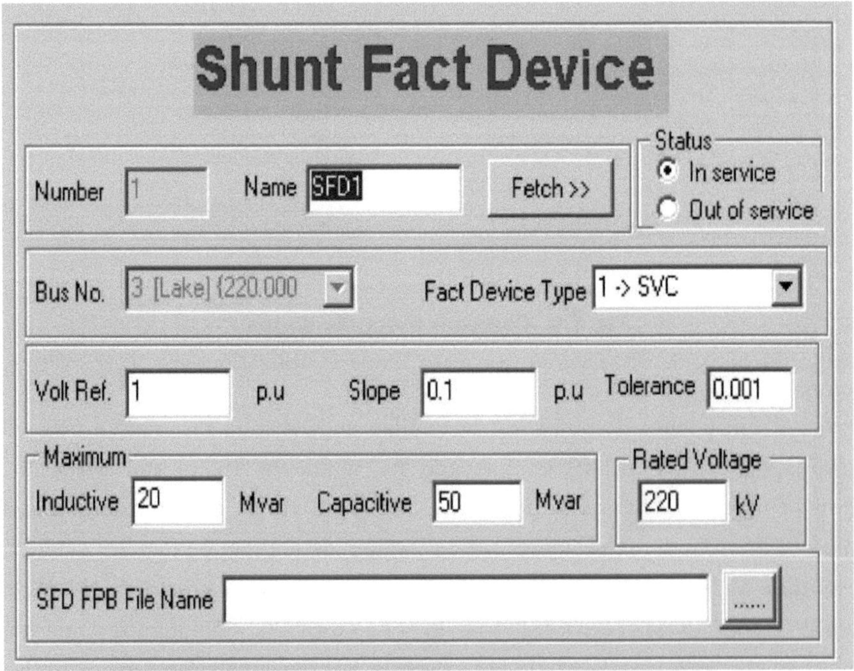

Fig.5.10. Bloco de dispositivo de facto de derivação

5.5 CONDENSADOR SÉRIE COM CONTROLADOR DE TIRISTOR (TCSC)

O TCSC regula o fluxo de potência ativa numa linha através da variação da reactância da linha. O modelo de impedância variável é utilizado para o TCSC com indutor variável e condensador fixo em paralelo. O modelo também considera os limites de funcionamento do TCSC nos modos indutivo e capacitivo.

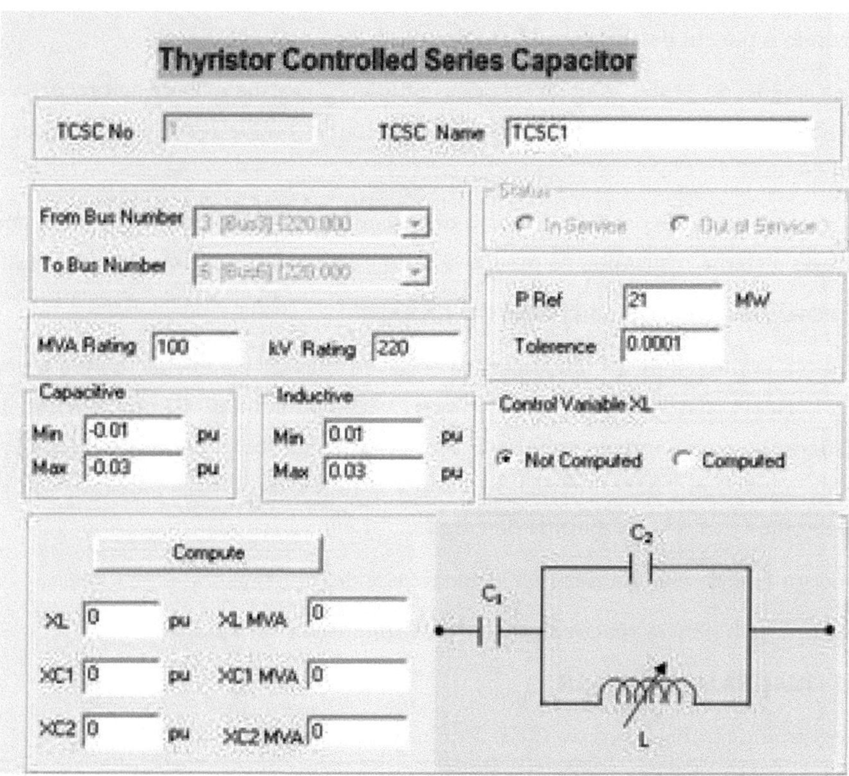

Fig.5.11. Condensador em série controlado por tiristor

CAPÍTULO 6

RESULTADOS E DEBATE

6.1 INTRODUÇÃO

Neste capítulo são considerados casos de teste que são os sistemas de barramento IEEE 14 e IEEE 30 e para estudos de fluxo de carga é considerado o método NR utilizando o pacote de software Mi power.

Nestes casos de teste, são efectuadas condições normais e de sobrecarga do sistema, tais como (aumento da carga de potência real e reactiva) e análise de contingências.

E para colocar os dispositivos, temos de encontrar o barramento e a linha mais fracos do sistema utilizando os métodos VCPI e FVSI com programação MATLAB.

6.2 PORMENORES DO SISTEMA DE ENSAIO

O sistema standard de 14 barramentos IEEE é utilizado como caso de teste neste projeto. Neste sistema são considerados 14 barramentos. O barramento 1 é considerado como um barramento de folga e os barramentos 2,3,6,8 são considerados como barramentos geradores e todos os outros barramentos são considerados como barramentos de carga.

A procura real de energia para 14 autocarros é de 259 MW

A procura de potência reactiva para 14 barramentos é de 81,3.

6.2.1 DIAGRAMA UNIFILAR

O diagrama de linha única do IEEE 14 é mostrado abaixo

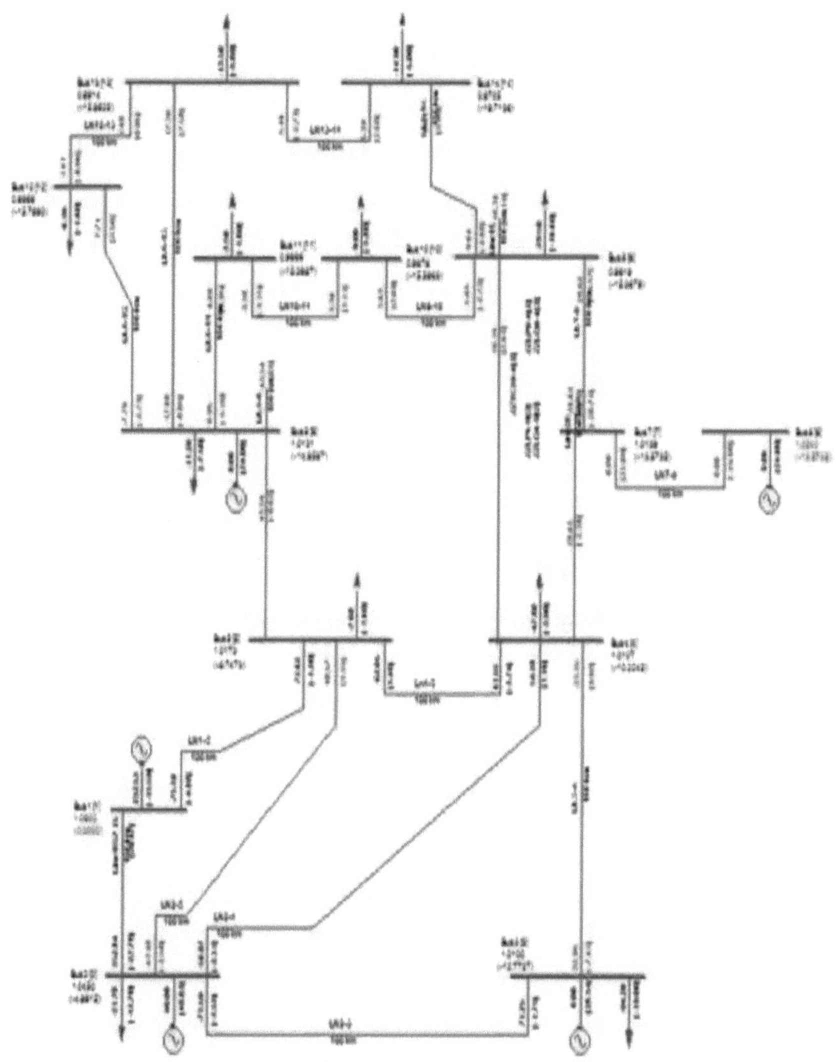

Fig 6.1 Diagrama unifilar do sistema de 14 barramentos IEEE

6.2.2 CONDIÇÕES NORMAIS E DE SOBRECARGA PARA UM SISTEMA DE 14 AUTOCARROS.

Tabela 6.1: Perdas de potência real e reactiva do sistema de 14 barramentos para diferentes condições de carga

S. não	Percentagem de carga/quantidades diferentes	100% Estado de carregamento	125% Condição de carga	150% condição de carga
1	Produção real total de eletricidade em MW	272.53	347.31	430.041
2	Potência reactiva total (Gen) em MVAR	109.424	172.901	271.355
3	Carga total de potência real em MW	259.000	323.750	388.490
4	Carga total de potência reactiva em MVAR	81.3000	101.625	121.850
5	Perdas reais de energia totais em MW	13.5318	23.6031	41.5600
6	Perdas totais de potência reactiva em MVAR	28.1254	71.2811	149.505

A partir da tabela, observa-se que, para diferentes condições de carga, as perdas variam. Para uma carga normal, as perdas são de 13,5318 e para uma carga excessiva, as perdas aumentam para 23,6031 e 41,560MW.

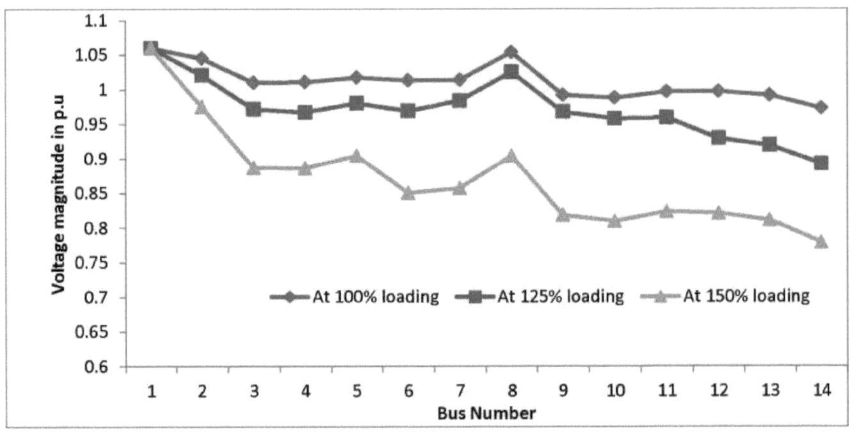

Fig. 6.2: Comparação da magnitude da tensão em diferentes condições de carga

A figura acima representa as magnitudes da tensão em condições normais e de sobrecarga. Quando comparadas com as condições normais e com as condições de sobrecarga, as magnitudes da tensão são reduzidas.

6.2.3. PERDAS DE POTÊNCIA REAL E REACTIVA DE UM SISTEMA DE 14 BARRAMENTOS COM CONDENSADOR DE DERIVAÇÃO EM 14 BARRAMENTOS.

Tabela 6.2: Valores VCPI para o sistema de 14 barramentos para encontrar o barramento fraco.

Classificação	Número do autocarro	Valores
1	14	0.6894
2	3	0.5939
3	13	0.5870
4	10	0.4094
5	12	0.3884

Tabela 6.3: Perdas de potência real e reactiva do sistema de 14 barramentos para condições de carga de 100% com condensador de derivação em 14 barramentos.

S:Não	A100% Percentagem condições de carga /diferentes quantidades	Em condições de carga de 100% sem condensador	Com condensador de derivação a 14bus
1	Potência real total em MW	272.53	272.4244
2	Potência reactiva total em MVAR	109.424	99.2313
3	Carga total de potência real MW	259.000	259.0000
4	Carga total de potência reactiva em MVAR	81.3000	81.3000
5	Perdas reais de energia totais MW	13.5318	13.4244
6	Perdas totais de potência reactiva em MVAR	28.1254	27.6076
7	Dimensão do condensador de derivação (MVAR)	....	9.676

A partir da tabela acima, representa que, para a carga normal sem condensador de derivação, as perdas são 13,5318 e, ao colocar o condensador de derivação no barramento 14, as perdas são reduzidas para 13,4244 e o tamanho do condensador é 9,676.

Tabela 6.4: Perdas de potência real e reactiva do sistema de 14 barramentos para condições de carga de 125% sem e com condensador de derivação em 14 barramentos.

Sl:Não	A125%Condições de carga percentual/quantidades diferentes	sem condensador de derivação	Com condensador de derivação
1	Potência real total em MW	347.31	346.0638
2	Potência reactiva total em MVAR	172.901	144.1356
3	Carga total de potência real MW	323.750	323.7500
4	Carga total de potência reactiva em MVAR	101.625	101.6250
5	Perdas reais de energia totais MW	23.6031	22.3138
6	Perdas totais de potência reactiva em MVAR	71.2811	63.2614
7	Dimensão do condensador de derivação (MVAR)	....	10.7508

A partir da tabela acima, representa que, para condições de carga excessiva, como 125% sem capacitor de derivação, as perdas são 23,6031 e, ao colocar o capacitor de derivação no barramento 14, as perdas são reduzidas para 22,3138 e o tamanho do capacitor é 10,7508.

Tabela 6.5: Perdas de potência real e reactiva do sistema de 14 barramentos para condições de carga de 150% sem e com condensador de derivação em 14 barramentos.

S: Não	Percentagem de carga/quantidades diferentes	A 150% Condição de carga sem condensador de derivação	A 150% Condição de carga com condensador de derivação no barramento 14
1	Potência real total em MW	430.041	427.4
2	Potência reactiva total em MVAR	271.355	243.9
3	Carga total de potência real MW	388.490	388.4
4	Carga total de potência reactiva em MVAR	121.850	121.8
5	Perdas reais de energia totais MW	41.5600	38.96
6	Perdas totais de potência reactiva em MVAR	149.505	135.9
7	Dimensão do condensador de derivação (MVAR)	....	13.93

A partir da tabela acima, representa que, para condições de carga excessiva, como 150% sem capacitor de derivação, as perdas são 41,5600 e, ao colocar o capacitor de derivação no barramento 14, as perdas são reduzidas para 38,96 e o tamanho do capacitor é 13,93.

6.2.4. Perdas de potência real e reactiva do sistema IEEE 14 com condensador em série na linha ligada entre o barramento 4 e o barramento 9.

Tabela6.6 : Valores FVSI utilizados para identificar a linha fraca para o sistema de 14 barramentos.

Classificação	linhas	valores
1	4-9	0.3746
2	5-6	0.1733
3	12-13	0.1175
4	13-14	0.0999
5	9-14	0.0765

A partir da tabela acima, observou-se que a linha 4 - 9 é a linha mais sensível do sistema quando comparada com as outras linhas, o valor é 0,3746.

Tabela 6.7: Perdas de potência real e reactiva do sistema de 14 barramentos para condições de 100% de carga com condensador em série entre o barramento 4 e o barramento 9.

S:NÃO	Percentagem de carga / quantidades diferentes	A 100% de carga Condição sem condensador série	Em condições de carga de 100% com condensador em série
1	Produção real total de eletricidade em MW	272.53	271.9620
2	Potência reactiva total (Gen) MVAR	109.424	105.1496
3	Carga total de potência real MW	259.000	259.0000
4	Potência reactiva total Carga MVAR	81.3000	81.3000
5	Perdas reais de energia totais MW	13.5318	12.9624
6	Perdas totais de potência reactiva MVAR	28.1254	23.8495

A tabela acima mostra que, para uma condição de carga normal sem condensador série, as perdas são de 13,5318 e, ao colocar um condensador série na linha ligada entre os barramentos 4 e 9, as perdas são reduzidas para 12,9624 MW.

Tabela 6.8: Perdas de potência real e reactiva do sistema de 14 barramentos para condições de carga de 125% com condensador em série entre os barramentos 4 e 9.

S:NÃO	Percentagem de carga/quantidades diferentes	A125% de carga sem condensador em série	Em condições de carga de 125% com condensador em série
1	Produção real total de eletricidade em MW	347.31	346.1427
2	Potência reactiva total (Gen) MVAR	172.901	168.5753
3	Carga total de potência real MW	323.750	323.7500
4	Potência reactiva total Carga MVAR	101.625	105.7750
5	Perdas reais de energia totais MW	23.6031	22.3927
6	Perdas totais de potência reactiva MVAR	71.2811	62.8003

Tabela 6.9: Perdas de potência real e reactiva do sistema de barramentos do sistema IEEE14 para condições de carga de 150% com condensador em série entre os barramentos 4 e 9.

S:NÃO	Percentagem de carga/quantidades diferentes	A150% de carga sem condensador série	A 150% da condição de carga Com condensador em série
1	Produção real total de eletricidade em MW	430.041	426.0399
2	Potência reactiva total (Gen) MVAR	271.355	246.6347
3	Carga total de potência real MW	388.490	388.4900
4	Potência reactiva total Carga MVAR	121.850	121.8500
5	Perdas reais de energia totais	41.5600	37.5501

	MW		
6	Perdas totais de potência reactiva MVAR	149.505	124.7848

A tabela 6.8 mostra que, na condição de sobrecarga sem condensador série, as perdas são de 23,6031 e, ao colocar um condensador série na linha ligada entre os barramentos 4 e 9, as perdas são reduzidas para 22,3927MW.

A tabela 6.9 mostra que em condições de carga excessiva, como 150%, sem condensador série, as perdas são de 41,5600 e, ao colocar um condensador série na linha ligada entre os barramentos 4 e 9, as perdas são reduzidas para 37,5501 MW.

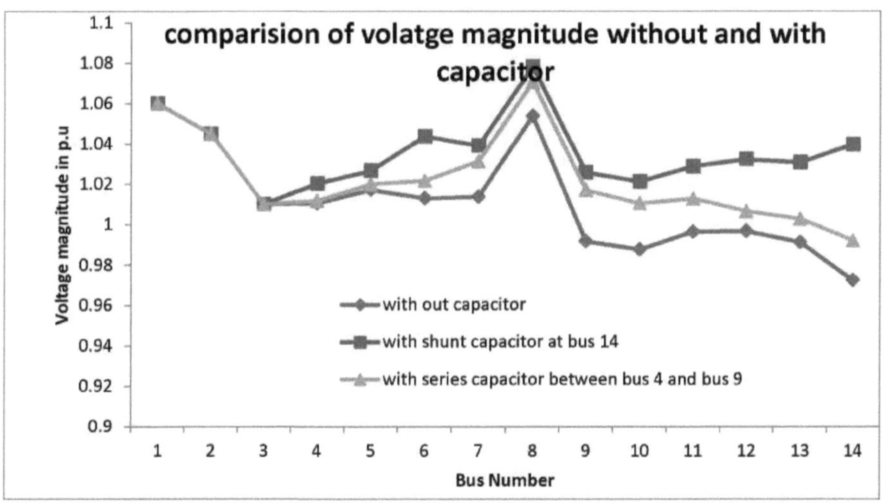

Fig.6.3: Comparação da magnitude da tensão em diferentes condições de carga com e sem condensador.

A figura acima representa a comparação da magnitude da tensão sem condensador e com condensador shunt no barramento 14 e condensador série na linha ligada entre os barramentos 4 e 9.

6.2.5. Perdas de potência real e reactiva de um sistema de 14 barramentos em condições normais e de sobrecarga com e sem TCSC na linha ligada entre os barramentos 4 e 9.

A tabela abaixo mostra que, em condições normais de carga, o fluxo de energia através da linha é de 18 MW e o tamanho do TCSC é de 0,3599p.u. Para aumentar o fluxo de energia através da linha de 18 MW para 20 MW, devemos colocar o tamanho do TCSC de 0,4855p.u.

Tabela 6.10: Perdas de potência real e reactiva do sistema de 14 barramentos para condições de carga normal com TCSC entre os barramentos 4 e 9.

S:não	Percentagem de carga/por diferentes quantidades	100% (fluxo de 18MW de potência através da linha)	100% (fluxo de energia de 20MW através da linha)
1	Produção real total de eletricidade em MW	272.528	272.52
2	Potência reactiva total (Gen)MVR	109.032	108.9
3	Carga total de potência real MW	259.00	259.00
4	Potência reactiva total Carga MVAR	81.30	81.30
5	Perdas reais de energia totais MW	13.528	13.53
6	Perdas totais de potência reactiva MVAR	28.09	28.11
7	Tamanho do TCSC em p.u	0.3599	0.4855

Tabela 6.11: Perdas de potência real e reactiva do sistema de 14 barramentos para condições de 125% de sobrecarga com TCSC entre os barramentos 4 e 9.

S:não	Percentagem de carga/quantidades diferentes	125% (fluxo de potência de 20MW através da linha)	125% (fluxo de potência de 25MW através da linha)
1	Produção real total de eletricidade em MW	347.347	346.246
2	Potência reactiva total (Gen)MVR	172.901	164.927
3	Carga total de potência real MW	323.745	323.750
4	Potência reactiva total Carga MVAR	101.625	101.625
5	Perdas reais de energia totais MW	23.602246	22.4957
6	Perdas totais de potência reactiva MVAR	71.276318	64.5148

| 7 | Tamanho do TCSC em p.u | | 0.1891 |

A tabela acima mostra que, para uma condição de sobrecarga de 125%, o fluxo de potência através da linha é de 20 MW. Ao colocar o TCSC na linha ligada entre os barramentos 4 e 9, o fluxo de potência através da linha aumenta de 20MW para 25MW e o tamanho do TCSC é de 0,1891p.u.

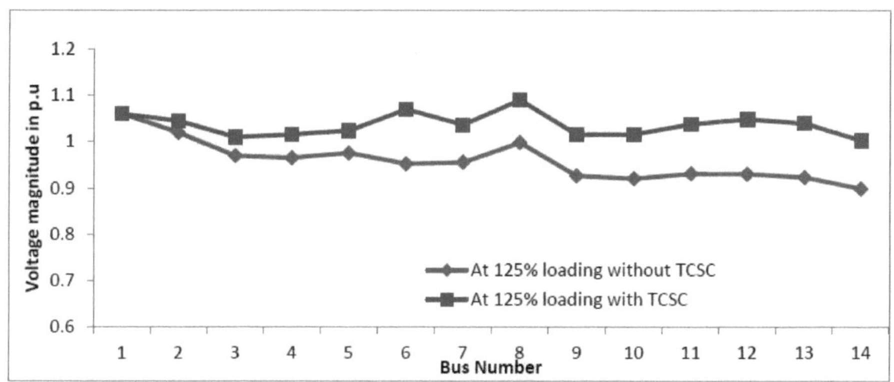

Fig6.4.Comparação das tensões a 125% de carga sem e com TCSC.

A figura acima representa a comparação da magnitude da tensão a 125% da condição de carga sem TCSC e com TCSC na linha ligada entre os barramentos 4 e 9. A partir da fig. 6.4, observa-se que o perfil da tensão é melhorado.

Tabela 6.12: Perdas de potência real e reactiva do sistema de 14 barramentos para uma condição de carga de 150% sem e com TCSC entre os barramentos 4 e 9.

S:não	Percentagem de carregamento/por diferentes carregamentos	150% (fluxo de energia de 24MW através da linha)	150% (fluxo de potência de 54MW através da linha)
1	Produção real total de eletricidade em MW	430.076	428.686
2	Potência reactiva total (Gen) MVR	271.534	252.822
3	Carga total de potência real MW	388.500	388.500
4	Potência reactiva total Carga MVAR	121.950	121.950
5	TotalRealPower Perdas MW	41.5776	40.1873

| 6 | Perdas totais de potência reactiva MVAR | 149.586 | 153.073 |
| 7 | Tamanho do TCSC em p.u | .... | 0.4450 |

A tabela acima mostra que, para uma condição de 150% de sobrecarga, o fluxo de energia através da linha é de 24MW e as perdas são de 41,5776. E ao colocar o TCSC na linha ligada entre os barramentos 4 e 9, o fluxo de potência através da linha aumenta para 54MW e as perdas são reduzidas para 40,1873MW.

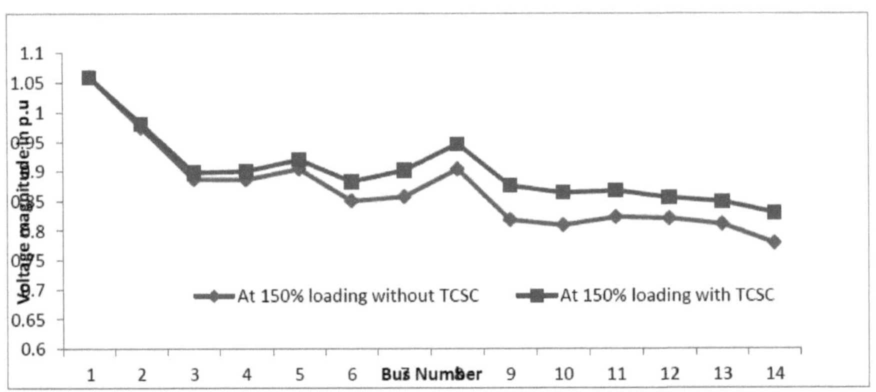

Fig6.5.comparação da magnitude da tensão a 150% de carga com e sem TCSC

A figura 6.5 acima representa a comparação da magnitude da tensão na condição de carga de 150% sem TCSC e com TCSC nas linhas 4 e 9. A partir da figura, observa-se que o perfil de tensão aumenta e a passagem de potência aumenta com a colocação do TCSC.

6.2.6. Análise de contingência de um sistema de 14 autocarros e colocação de TCSC.

Tabela 6.13: Análise de contingências do sistema de 14 barramentos com base nos valores PIF.

S:NÃO	DO AUTOCARRO	PARA O AUTOCARRO	PARA 100% DE CARGA (VALORES PIF)	PARA 125% DE CARGA (VALORES PIF)	PARA 150% DE CARGA) VALORES PIF)
1	4	9	1.185	1.994	3.912
2	5	6	1.543	2.630	1.000
3	4	7	1.149	1.942	3.903

4	13	14	1.175	1.981	3.651
5	12	13	1.160	1.954	3.589
6	10	11	1.174	1.959	3.620
7	9	14	1.162	2.017	3.726
8	6	13	1.194	1.972	3.856
9	6	12	1.170	2.005	3.675
10	6	11	1.190	2.005	3.704
11	9	10	1.153	1.943	3.621
12	7	9	1.162	1.957	3.897
13	7	8	1.152	1.953	3.993
14	4	5	1.329	2.250	4.953
15	3	4	1.192	2.009	3.816
16	2	5	1.102	1.861	3.754
17	1	5	1.957	3.344	8.164
18	2	4	1.315	2.206	4.797
19	1	2	2.388	5.326	1.000
20	2	3	1.673	3.986	1.000

A partir da tabela acima, observou-se que a análise de contingência é feita para 20 linhas e, com base nos valores PIF da linha ligada entre a terra do barramento 5, é a interrupção mais grave.

Tabela 6.14: O método FVSI é utilizado para encontrar a linha mais fraca do sistema após a contingência da linha ligada entre os barramentos 1 e 5.

Classificação	Linhas	Carga a 125% Valores FVSI	AT 150% Carregando valores FVSI
1	4-9	0.7594	1.0334
2	5-6	0.7498	1.0136
3	13-14	0.5754	1.0074
4	12-13	0.5678	0.9857
5	4-7	0.2584	0.3434

A partir da tabela acima, observa-se que após a contingência da linha ligada entre os barramentos 1 e 5 e o FSVI é feito para encontrar a linha sensível.

6.2.6.I. Contingência da linha ligada entre os barramentos 1 e 5 e após a colocação do TCSC.

A tabela abaixo mostra que, em condições de carga normal, as perdas são de 13,53 durante a contingência da linha ligada entre os barramentos 1 e 5, as perdas são de 21,2864 e, ao colocar o TCSC na linha ligada entre os barramentos 4 e 9, as perdas são reduzidas para 20,321MW.

Tabela 6.15: Perdas de potência real e reactiva do sistema de barramento IEEE14 para a condição de carga normal sem e com TCSC sob contingência da linha ligada entre o barramento 1 e o barramento 5.

Sl n	Percentagem de carga/quantidades diferentes	Na condição de 100% de carga	A 100% de carga e após contingência das linhas 1 e 5	A 100% de carga e após contingência das linhas 1 e 5 e após colocação de TCSC entre os barramentos 4 e 9.
1	Produção real total de eletricidade em MW	272.5318	280.286	280.321
2	Potência reactiva total (Gen) em MVAR	109.4254	166.154	136.391
3	Carga total de potência real em MW	259.00	259.00	259.00
4	Carga total de potência reactiva em MVAR	81.300	81.300	81.300
5	Perdas reais de energia totais em MW	13.5318	21.2864	20.321
6	Perdas totais de potência reactiva em MVAR	28.1254	56.054	56.461

Tabela 6.16: Perdas de potência real e reactiva do sistema de barramento IEEE14 para 125% de sobrecarga em condição de contingência sem e com TCSC.

SL NÃO	Percentagem de carga/quantidades diferentes	125% Condição de carga	A 125% de carga e após contingência das linhas 1 e 5	A 125% de carga e após contingência das linhas 1 e 5 e após colocação de TCSC entre os barramentos 4 e 9.
1	Produção real total de eletricidade em	347.3531	369.507	359.415

	MW			
2	Potência reactiva total (Gen) em MVAR	172.9061	253.971	207.749
3	Carga total de potência real em MW	323.75	323.741	323.750
4	Carga total de potência reactiva em MVAR	101.625	101.625	101.625
5	Perdas reais de energia totais em MW	23.6031	45.762	35.66
6	Perdas totais de potência reactiva em MVAR	71.2811	152.34	107.7

A tabela acima mostra que, para uma condição de carga de 125%, as perdas são de 23,6031MW durante a contingência da linha ligada entre os barramentos 1 e 5, as perdas são de 45,762MW e, ao colocar o TCSC na linha ligada entre os barramentos 4 e 9, as perdas são reduzidas para 35,66 MW.

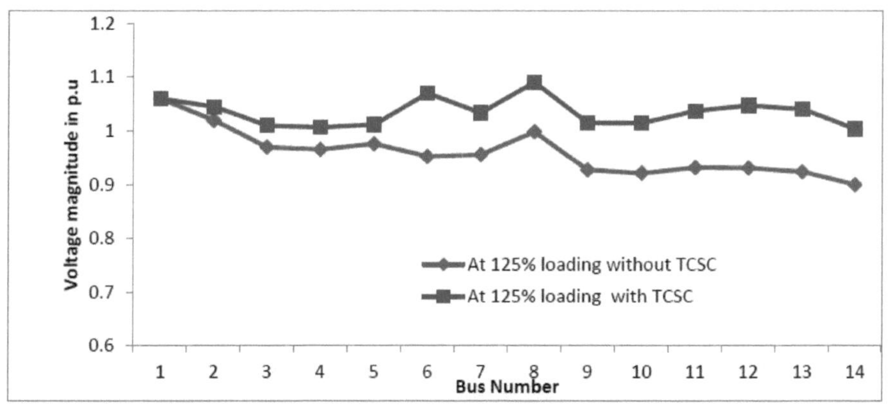

Fig 6.6: Contingência da linha conectada entre o busland 5 e sem e com TCSC a 125% de condição de carga.

A figura acima representa a comparação da magnitude da tensão a 125% da condição de carga sem TCSC e com TCSC na linha ligada entre os barramentos 4 e 9 durante a interrupção da linha ligada entre os barramentos 1 e 5.

Tabela 6.17: Perdas de potência real e reactiva do sistema de 14 barramentos para uma condição de 150% de sobrecarga sem e com TCSC.

Sl n	Percentagem de carga / quantidades diferentes	150% condição de carga	A 150% de carga sob contingência das linhas 1 e 5	A 150% de carga sob contingência das linhas 1 e 5 e após a colocação doTCSC entre os barramentos 4 e 9.
1	Produção real total de eletricidade em MW	430.041	442.50	439.50
2	Potência reactiva total (Gen) em MVAR	271.3525	298.38	295.38
3	Carga total de potência real em MW	388.500	388.5	388.38
4	Carga total de potência reactiva em MVAR	121.950	121.950	121.950
5	Perdas reais de energia totais em MW	41.541	54.00	51.00
6	Perdas totais de potência reactiva em MVAR	149.4	176.43	173.20

A tabela acima mostra que, para uma condição de carga de 150%, as perdas são de 41,541MW durante a contingência da linha ligada entre os barramentos 1 e 5, as perdas são de 54,00MW e, ao colocar o TCSC na linha entre 1 e 5, as perdas são reduzidas para 51MW.

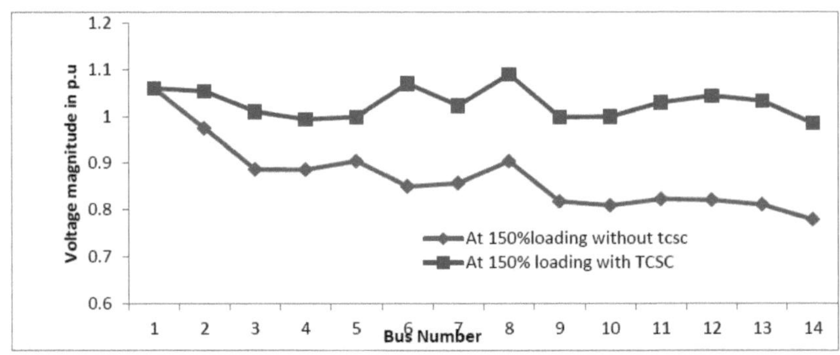

Fig 6.7: Contingência da linha terra 5 e sem e com TCSC a 125% de condição de carga.

A figura acima representa a comparação da magnitude da tensão a 150% da condição de carga sem TCSC e com TCSC na linha ligada entre os barramentos 4 e 9. A partir da figura, observa-se que o perfil de tensão aumenta com a colocação do TCSC.

6.2.7. Perdas reais e reactivas do sistema de 14 barramentos para condições de carga normal de 100% para sem e com SVC.

Tabela 6.18: Valores VCPI para o sistema de 14 barramentos para encontrar o barramento fraco.

Classificação	Números dos autocarros	valores
1	14	0.6894
2	13	0.5870
3	12	0.3884
4	11	0.3764
5	10	0.4094

Tabela 6.19: Perdas de potência real e reactiva no sistema de 14 barramentos para condições de carga de 100% sem e com SVC.

Sl: não	Percentagem de carga / quantidades diferentes	Condição de carga de 100% sem SVC	Condição de carga de 100% com SVC
1	Produção real total de eletricidade em MW	272.5318	272.56
2	Potência reactiva total (Gen) em MVAR	109.4254	139.750
3	Carga total de potência real em MW	259.0000	259.00
4	Carga total de potência reactiva em MVAR	81.30	81.30
5	Perdas reais de energia totais em MW	13.5318	13.56
6	Perdas totais de potência reactiva em MVAR	28.1254	28.24

A tabela acima mostra que, em condições normais de carga, as perdas são de 13,5318MW.

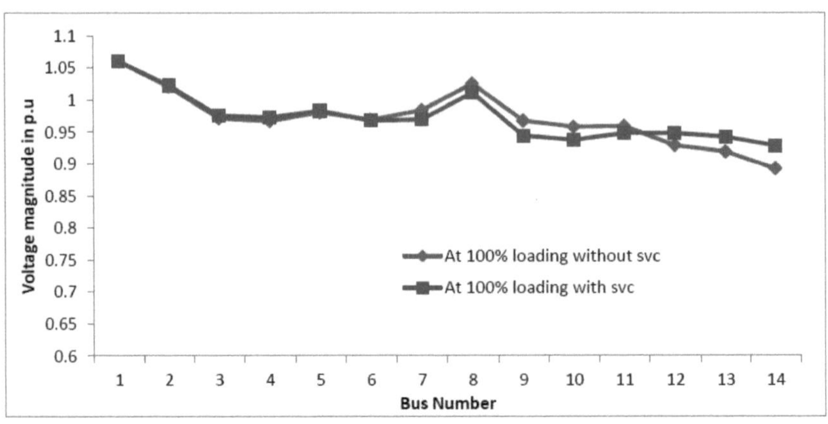

Fig.6.8: comparação da magnitude da tensão para 100% de carga sem e com SVC no sistema.

A figura acima representa a comparação da magnitude da tensão na condição de 100% de carga sem e com SVC no barramento 14.

Tabela 6.20: Potência real e reactiva do sistema de 14 barramentos para condições de carga de 125% sem e com SVC.

Sl: não	Percentagem de carga / diferentes quantidades	A 125% da condição de carga sem svc	A 125% de carga Condição Com svc
1	Produção real total de eletricidade em MW	347.3531	346.916
2	Potência reactiva total (Gen) em MVAR	172.9061	163.858
3	Carga total de potência real em MW	323.7500	323.75
4	Carga total de potência reactiva em MVAR	101.6250	101.625
5	Perdas reais de energia totais em MW	23.6031	23.171
6	Perdas totais de potência reactiva em MVAR	71.2811	68.84

A tabela acima mostra que, para uma condição de 125% de sobrecarga, as perdas são de 23,6031MW e, ao colocar o SVC no barramento 14, as perdas são reduzidas para 23,171MW.

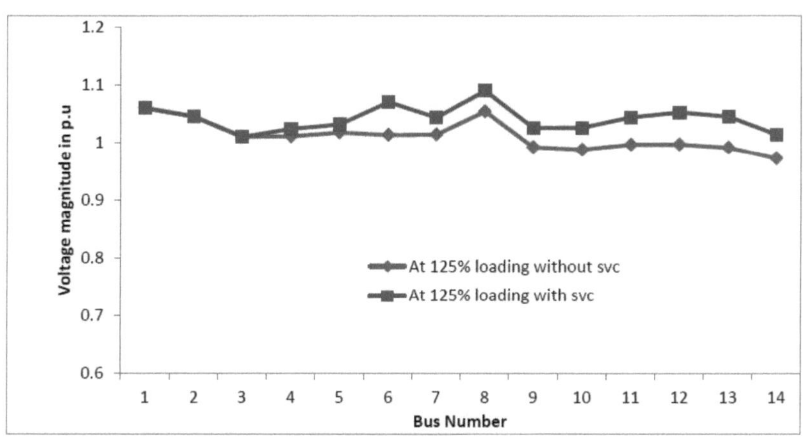

Fig 6.9.Comparação da magnitude da tensão para 125% de carga sem e com svc no sistema.

A figura acima representa a comparação da magnitude da tensão na condição de carga de 125% sem e com SVC no barramento 14.

Tabela 6.21:Sistema de 14 barramentos para condições de 150% de sobrecarga sem e com SVC.

Sl n	Percentagem de carga/diferentes quantidades	150% Condição de carga sem svc	150% condição de carga com svc
1	Produção real total de eletricidade em MW	430.0481	427.63
2	Potência reactiva total (Gen) em MVAR	271.3525	246.14
3	Carga total de potência real em MW	388.500	388.5
4	Carga total de potência reactiva em MVAR	121.8500	121.85
5	Perdas reais de energia totais em MW	41.5600	39.99
6	Perdas totais de potência reactiva em MVAR	149.5054	141.47

A tabela acima mostra que, para uma condição de 150% de sobrecarga, as perdas são de 41,560MW e, ao colocar o SVC no barramento 14, as perdas são reduzidas para 39,99MW.

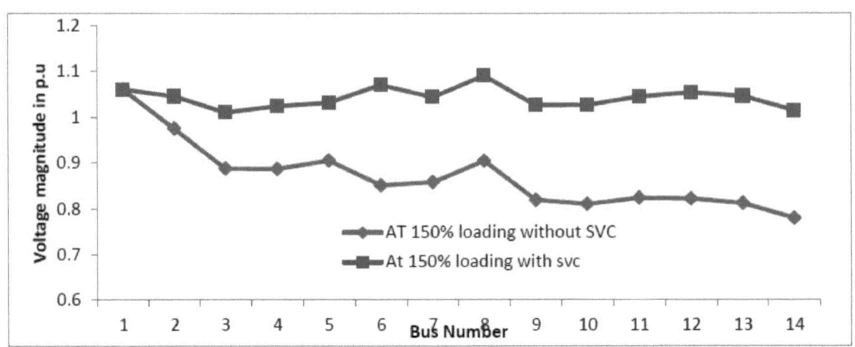

Fig6.10. Comparação da magnitude da tensão para 150% de carga sem e com svc no sistema.

A figura acima representa a comparação da magnitude da tensão na condição de carga de 150% sem e com SVC no barramento14.

6.3 PORMENORES DO SISTEMA DE ENSAIO

O sistema standard de 30 barramentos IEEE é utilizado como caso de teste neste projeto. Neste sistema são considerados 30 barramentos. O barramento nº 1 é considerado como um barramento de folga e 6 barramentos são considerados como barramentos PV e todos os outros 21 barramentos são considerados como barramentos de carga. Este sistema tem 41 linhas interligadas.

6.3.1.DIAGRAMA UNIFILAR

O diagrama unifilar do barramento IEEE 30 é apresentado a seguir

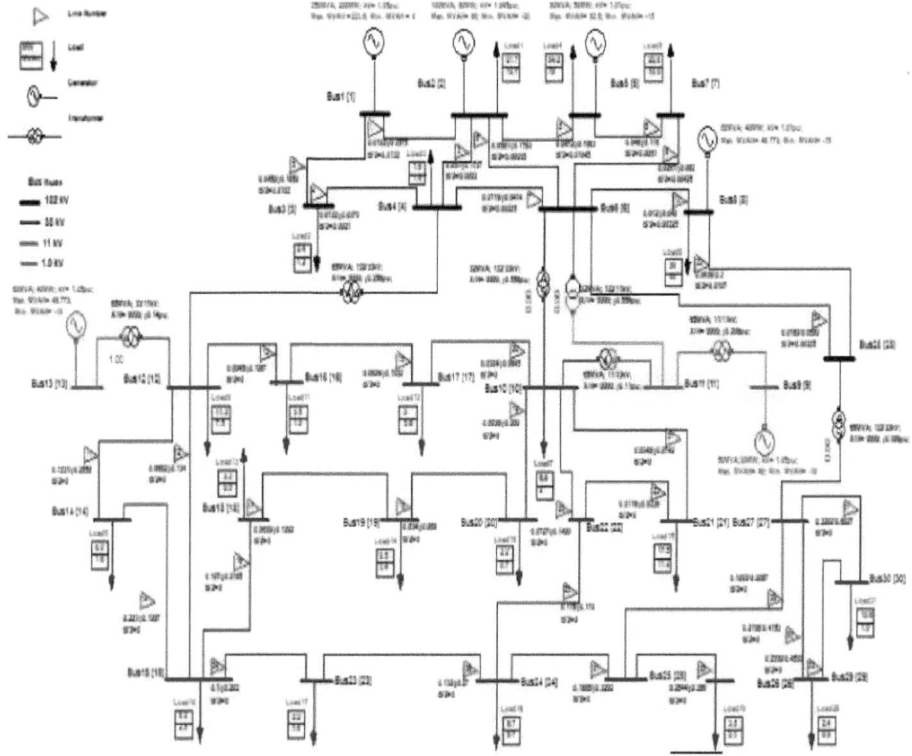

Fig 6.11. Diagrama do sistema de 30 barramentos IEEE

6.3.2 Sistema de casos de teste: Perdas de potência reais e reactivas de um sistema de 30 barramentos para diferentes condições de carga

Tabela 6.22: Perdas de potência real e reactiva do sistema de 30 barramentos para diferentes cargas

Sl n	Percentagem de carga/quantidades diferentes	100% Estado de carregamento	125% Condição de carga	150% condição de carga
1	Produção real total de eletricidade em MW	301.158	383.943	470.586
2	Potência reactiva total (Gen) em MVAR	157.754	235.89	328.869
3	Carga total de potência real em MW	283.400	354.250	425.100
4	Carga total de potência reactiva em MVAR	126.200	157.750	189.300

| 5 | Perdas reais de energia totais em MW | 17.757 | 29.693 | 45.485 |
| 6 | Perdas totais de potência reactiva em MVAR | 35.6101 | 82.029 | 143.26 |

A tabela acima mostra que, em condições de carga normal, as perdas são de 17,757MW e, em condições de sobrecarga, as perdas são de 29,693MW e 45,485MW.

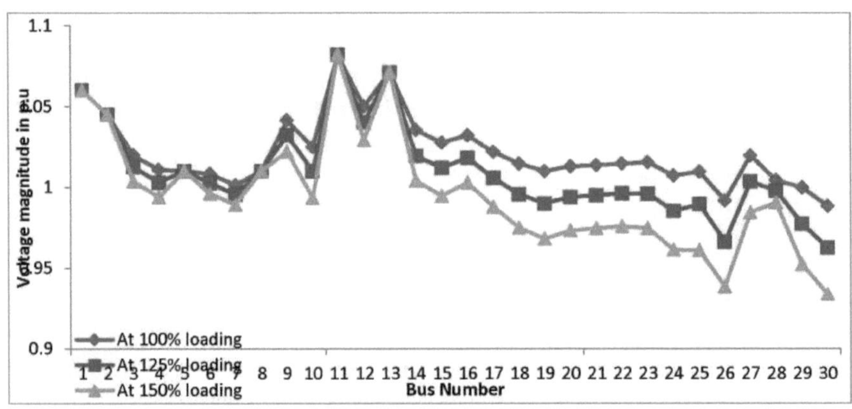

Fig. 6.12. Comparação da magnitude da tensão do sistema de 30 barramentos em diferentes condições de carga.

A figura acima representa a comparação da magnitude da tensão em condições de carga de 100%, 125% e 150% para um sistema de 30 barramentos. À medida que a carga aumenta, a magnitude da tensão é reduzida.

6.3.3. Sistema do caso de teste: sistema de 30 barramentos após a colocação do svc no sistema

Tabela 6.23.Valores VCPI utilizados para encontrar o barramento fraco num sistema de 30 barramentos.

S:não	Número do autocarro	valores
1	30	0.1440
2	29	0.1250
3	27	0.0988
4	26	0.1221
5	25	0.1093
6	24	0.1160

Tabela 6.24: Perdas de potência real e reactiva no sistema de 30 barramentos após a colocação do svc no sistema

Sl n	Percentagem de carga/quantidades diferentes	100% Estado de carregamento	125% Condição de carga	150% condição de carga
1	Produção real total de eletricidade em MW	301.143	383.848	470.365
2	Potência reactiva total (Gen) em MVAR	156.991	266.370	319.228
3	Carga total de potência real em MW	283.400	354.250	425.100
4	Carga total de potência reactiva em MVAR	126.200	157.750	189.300
5	Perdas de energia reais totais em MW	17.7426	29.5984	45.265
6	Perdas totais de potência reactiva em MVAR	35.525	81.060	141.69

6.3.4. Sistema de casos de teste: Perdas reais e reactivas de um sistema de 30 barramentos sem e com svc no sistema a 125% e 150% de carga.

Tabela 6.25: Perdas reais e reactivas do sistema de 30 barramentos a 125% de carga sem e com SVC no sistema.

Sl n	Percentagem de carga / quantidades diferentes	A 125% da condição de carga sem SVC.	A 125% da condição de carga com SVC.
1	Produção real total de eletricidade em MW	383.943	383.848
2	Potência reactiva total (Gen) em MVAR	235.89	266.370
3	Carga total de potência real em MW	354.250	354.250
4	Carga total de potência reactiva em MVAR	157.750	157.750
5	Perdas reais de energia totais em MW	29.693	29.5984
6	Perdas totais de potência reactiva em MVAR	82.029	81.060

A tabela acima mostra que, para uma condição de 125% de excesso de carga, as perdas são de 29,693MW e, ao colocar o SVC no barramento 30, as perdas são reduzidas para 29,59MW.

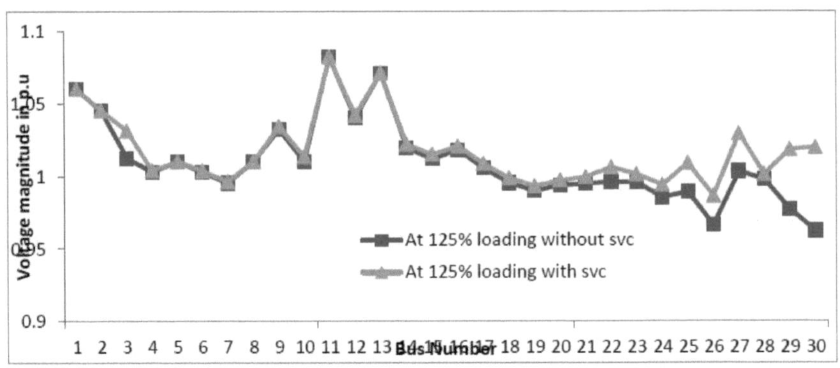

Fig6.13.Comparação da magnitude da tensão para o sistema de 30 barramentos a 125% de carga sem e com SVC.

A figura acima representa a comparação da magnitude da tensão em condições de carga de 125% sem e com SVC no sistema.

Tabela 6.26: Perdas reais e reactivas do sistema de 30 barramentos a 150% de carga sem e com SVC no sistema.

Sl n	Percentagem de carga / quantidades diferentes	A 150% da condição de carga Sem svc	A 150% da condição de carga com svc
1	Produção real total de eletricidade em MW	470.586	470.365
2	Potência reactiva total (Gen) em MVAR	328.869	319.228
3	Carga total de potência real em MW	425.100	425.100
4	Carga total de potência reactiva em MVAR	189.300	189.300
5	Perdas de energia reais totais em MW	45.485	45.265
6	Perdas totais de potência reactiva em MVAR	143.26	141.69

A tabela acima mostra que, para uma condição de 150% de sobrecarga, as perdas são de 45,485 e, ao colocar o SVC no barramento 30, as perdas são reduzidas para 45,265MW.

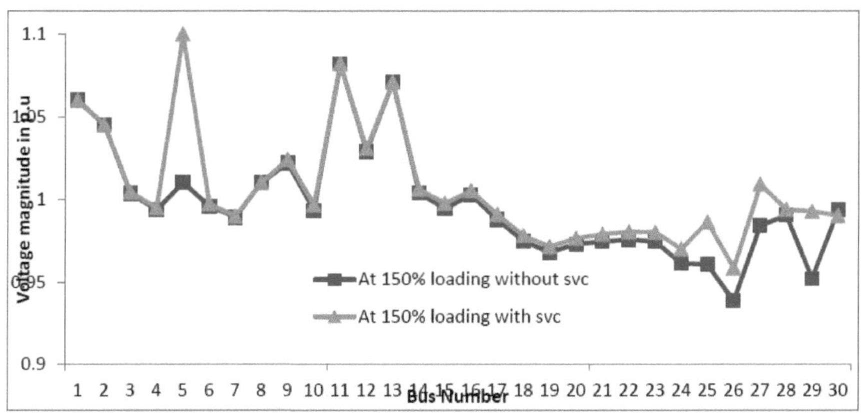

Fig6.14 . Magnitude da tensão do sistema IEEE de 30 barramentos a 150% de carga sem e com SVC

A figura acima representa a comparação da magnitude da tensão em condições de carga de 150% sem e com SVC no sistema.

6.3.5. Sistema de teste: Perdas reais e reactivas de um sistema de 30 barramentos sem e com TCSC no sistema a 125% e 150% de carga.

Tabela 6.27. Valores FVSI utilizados para encontrar as linhas mais fracas para um sistema de 30 barramentos.

Classificação	Linhas	valores
1	27-28	0.6168
2	24-25	0.5347
3	25-27	0.3068
4	21-22	0.0358
5	15-23	0.2922

Tabela 6.28: Perdas reais e reactivas do sistema de 30 barramentos a 125% de carga sem e com colocação de TCSC no sistema .

Sl n	Percentagem de carga / quantidades diferentes	A 125% da condição de carga Sem TCSC	A 125% da condição de carga com TCSC
1	Produção real total de eletricidade em MW	383.943	382.133
2	Potência reactiva total (Gen) em MVAR	235.897	230.095

3	Carga total de potência real em MW	354.250	354.250
4	Carga total de potência reactiva em MVAR	157.750	157.750
5	Perdas reais de energia totais em MW	29.693	27.88
6	Perdas totais de potência reactiva em MVAR	82.029	76.064

A tabela acima mostra que, para uma condição de 125% de excesso de carga, as perdas são de 29,693MW e, ao colocar o TCSC na linha ligada entre os barramentos 27 e 28, as perdas são reduzidas para 27,88MW.

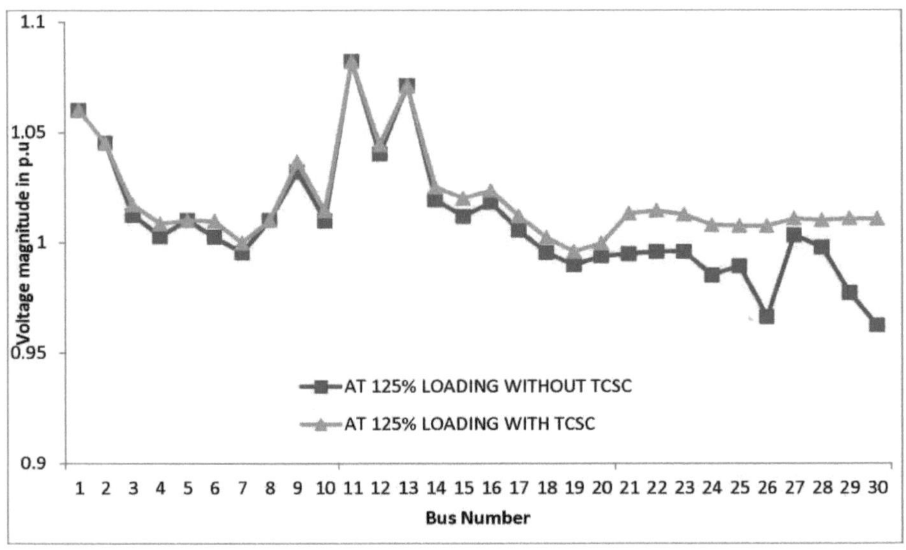

Fig.6.15 .Comparação da magnitude da tensão do sistema de 30 barramentos a 125% de carga sem e com TCSC.

A figura acima representa a comparação da magnitude da tensão em condições de carga de 125% sem e com TCSC no sistema na linha ligada entre os barramentos 27 e 28.

Tabela 6.29: Perdas reais e reactivas do sistema de 30 barramentos sem e com TCSC no sistema a 150% de carga

Sl n	Percentagem de carga / quantidades diferentes	A 150% da condição de carga Sem TCSC	A 150% da condição de carga com TCSC

1	Produção real total de eletricidade em MW	470.586	467.826
2	Potência reactiva total (Gen) em MVAR	328.869	317.578
3	Carga total de potência real em MW	425.100	450.100
4	Carga total de potência reactiva em MVAR	189.300	189.300
5	Perdas reais de energia totais em MW	45.485	42.72
6	Perdas totais de potência reactiva em MVAR	143.26	131.654

A tabela acima mostra que, para uma condição de 150% de excesso de carga, as perdas são de 45,485MW e, ao colocar o TCSC na linha ligada entre os barramentos 27 e 28, as perdas são reduzidas para 42,72MW.

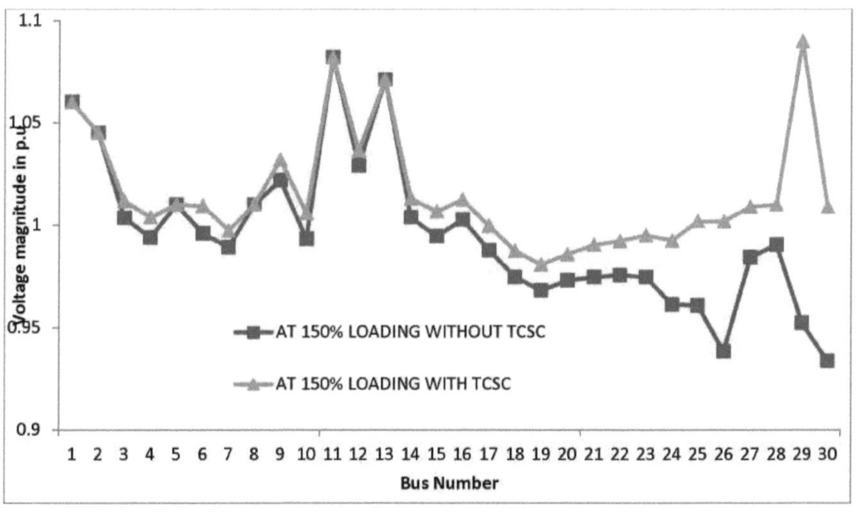

Fig 6.1.Comparação da magnitude da tensão do sistema de 30 barramentos a 150% de carga sem e com TCSC.

A figura acima representa a comparação da magnitude da tensão em condições de carga de 150% sem e com TCSC no sistema na linha ligada entre os barramentos 27 e 28.

CAPÍTULO 7

CONCLUSÃO E ÂMBITO FUTURO

7.1. CONCLUSÃO

Esta tese descreve o sistema de barramento IEEE 14 e IEEE 30 para condições normais, de sobrecarga e análise de contingência. O perfil de tensão e a capacidade de transferência de potência são melhorados através da utilização de condensadores e dispositivos FACTS. Utilizando controladores em série, o fluxo de potência na linha é controlado e as perdas são reduzidas e, utilizando controladores de derivação, o perfil de tensão é melhorado. Além disso, o perfil de tensão foi melhorado com a instalação de dispositivos FACTS. Os resultados obtidos indicam que a redução das perdas, a compensação da potência reactiva e o controlo do fluxo de potência são conseguidos através da instalação optimizada de dispositivos FACTS como SVC e TCSC.

7.2. ÂMBITO DE APLICAÇÃO FUTURA

1) A otimização por enxame de partículas e a abordagem por algoritmo genético são utilizadas para encontrar o local ideal para os dispositivos FACTS no sistema.

2) Para cargas estáticas, este processo é aplicado para cargas que variam dinamicamente, este processo pode ser efectuado.

3) Este processo pode ser aplicado a diferentes dispositivos, como o STATCOM, UPFC, IPFC... ETC.

4) Minimização do preço das perdas de potência real e reactiva através da introdução de dispositivos FACTS, como o TCSC e o SVC, no mercado desregulado.

5) Colocando vários dispositivos de factos no sistema para melhorar o perfil de tensão.

BIBLIOGRAFIA

VR Bathina, VNK Gundavarapu, "Optimal Location of Thyristor-controlled Series Capacitor to Enhance Power Transfer Capability Using Firefly Algorithm", Elect Power Comp system, 2014 - Taylor & Francis, volume 42, número 14, 2014, pp. 1541-1553.

K.S. Verma, S.N. Singh e H. O. Gupta, " FACTS devices location for enhancement of total transfer capability", IEEE Power Engineering Society Winter Meeting, Vol. 2, pp. 522 - 527, 28 Jan.-1 Feb. 2001

Rao, B. V., & Kumar, G. N. (2014). Localização ótima do capacitor em série controlado por tiristor para redução de perdas na linha de transmissão usando o algoritmo de pesquisa BAT. WSEAS TRANSACTIONS on POWER SYSTEMS, 9, 459-470.

Artigos técnicos em Power Research and Development Consultants Pvt. Ltd. Bangalore (PRDC), Boletins informativos (ISSN 2456-0901)

Balamourougan, V., T.S. Sidhu e M.S. Sachdev, 2004, "Technique for online prediction of voltage collapse". IET Proceedings - Generation Transmission and Distribution 151(4):453 - 460.

Acha, E., Fuerte-Esquivel, C., Ambriz-Perez, H.,& Angeles, C. (2004). FACTS: Modelação e Simulação em Redes Eléctricas. John Wiley & Sons. doi:10.1002/0470020164

Nagrath& Kothari, "Morden power system analysis", Tata McGraw Hill, junho de 2006. pp (177, 186, 205,217).

B.Gao, G.K.Morison e P.Kundur, "Voltage Stability Evaluation using Modal Analysis," IEEE Trans. On Power systems, Vol.7 No. 4, novembro de 1992. PP. 1529-1542

J. G. Singh, Singh S.N, S.C. Srivastava "Placement of FACTS controllers for enhancing power system loadability," in Power India Conference, 2006 IEEE, 2006, PP.5-12

Y.Mansour, WilsunXu, Alvarado,F e Chhewangrinzin, "SVC placement using Critical Modes of voltage stability," IEEE trans. on power systems,Vol.9,No. 2, May 1994 PP.757-763

P.Kundur "Power System Stability and Control" McGraw-Hill, NewYork, 1994

N. G.Hingorani e L.Gyugyi, "Understanding FACTS: Concepts and Technology of Flexible AC Transmission System", IEEE PRESS, Nova Iorque, 2000

More
Books!

info@omniscriptum.com
www.omniscriptum.com
OMNIScriptum

Printed by Books on Demand GmbH, Norderstedt / Germany